谦德少年文库
QIANDE JUVENILE LIBRARY

给孩子的数学启蒙书

你好，数学

中国算数故事

许莼舫 著

团结出版社

图书在版编目（CIP）数据

中国算数故事 / 许莼舫著. -- 北京 : 团结出版社, 2022.1

（你好, 数学 : 给孩子的数学启蒙书）

ISBN 978-7-5126-9253-4

Ⅰ. ①中… Ⅱ. ①许… Ⅲ. ①数学史—中国—古代—少儿读物 Ⅳ. ①O112-49

中国版本图书馆CIP数据核字(2021)第221300号

出版: 团结出版社

（北京市东城区东皇城根南街84号 邮编: 100006）

电话:（010）65228880　65244790（传真）

网址: www.tjpress.com

Email: zb65244790@vip.163.com

经销: 全国新华书店

印刷: 北京天宇万达印刷有限公司

开本: 145×210　1/32

印张: 42.5

字数: 758千字

版次: 2022年1月 第1版

印次: 2022年1月 第1次印刷

书号: 978-7-5126-9253-4

定价: 178.00元（全6册）

目录 contents

用十个手指计数

一

我们人类最初的祖先——类人猿，在劳动的影响下，从树上生活变为能在地面直立行走，随着手的发展和灵活运用，产生了有节奏的语言和发达的大脑，于是就变成了人。在这长期的劳动中，积累了许多经验，由于客观存在或物质条件的反映，就产生了思想。所以人类的思想是从劳动产生的，是从具体问题出发的。“数”是一个抽象的概念，在人类最初的思想上绝不会很容易就形成，必须经过悠久的递变，才能逐渐完成这一个概念的内容。

人类有记载的历史，相对于地球来说时间是很短的，不能够据以确定数的概念的由来。但是我们现在能够考察到高等动物的行为、原始民族的情况和文字的起源等等，就这些间接材料，我们可以窥见人类对数的认识过程的一斑。

有人研究某种鸟类和黄蜂的生活情况，曾在一小组物体中暗地里移去或加上一物的时候，发现它们有觉察其间已发生变化的一种能力。这种觉察“多寡”的能力就是数的感觉，多数动物，如犬、马等都没有，但原始人类是必然具有的。因此，数的概念的起源大概是以这小量中的变化的认识为其萌芽，但这件事必远在有史时代以前，它的实况已无从查考了。

中国文字中的“数”字，兼有“数目”和“计数”两种意义。可见“数目”和“计数”两者间的关系是很密切的。一部分动物虽能够觉察数目的多寡，但人类除对这范围狭小的数的感觉外，又有一种效力极大的计数方法，是其他动物所没有的。

近代研究人类学的，从某些原始民族的生活习惯，知道他们是用两只手的十个手指来计数的。他们用的数目名称，和手指的名称一样。超过“十”的数目，他们就不能计算，常说这是“多数”，或其他类似的名称。

根据语言学家的研究，在世界上各民族的语言中，在计数方面有一个普遍的现象，就是都用“十”做记数法的基础，他们不谋而合地都采用了十进位制。

但在个别的情形中，也有些民族最初可能仅用一只手的五个手指来计数，例如，在罗马曾用特别的数码来表示五、五十和五百等。又因人类最初不穿鞋子，所以也可能连十个足趾一起用来计数，例如，我国有时在计数上也用到“廿”这一个数目；在英语中有时说到“一个廿”“两个廿”“三个廿”等；在法语中的八十是“四个廿”的意思，九十是“四个廿加十”的意思。

由于上述的许多数据，以及人类用两只手计数最为自然，足以证明，原始人最初的计数方法一般都借助于十个手指，这是毫无疑义的。

原始民族对于数的多寡的认识，最初是模糊而且散漫的，经过用手指计数的一个阶段，以后逐渐加以充实，慢慢地就成一整齐而抽象的数的概念，于是数学的萌芽就开始茁长了。

人类的手是劳动的产物，由于十个手指可以自由伸屈，做计数的辅助，结果形成了数的概念。又因人类在劳动生产上处处需要计数，例如，牲畜的增加、农产品的交易等，这样从实用中创造出各种计数的方法，于是就产生出数学来。由于这两点，我们可以肯定地说：“劳动创造了数学。”

二

原始社会进化到稍有经济组织雏形的时候，人们日常生活中需要计数的地方就逐渐增多，例如，要计算驯养的牲畜数目等，用手指计数已感到不够，于是就有用别种东西来代替的必要。

中国历史上关于史前的计数方法，记载得很有限。虽然在古书中有黄帝命隶首作算数和黄帝作九章算法的传说，也有些古书里把八卦和“河图”、“洛书”[1]认作数学的起源，但是我们相信，计数方法绝不是少数特殊人物所能创造的，更不应该归功于“神怪”，它是经过无数劳动人民长期的积累经验，不断总结，不断改进，才逐渐创造出来的。所以神怪根本是无稽之谈，而黄帝和隶首等也只是后人追念那些古代人民中的象征性人物罢了。

1. 洛书用圆圈和黑点连缀成从一到九的九个数，照图 4 的顺序排列，它的纵、横、斜每三数的和都是 15；河图和洛书类似，但有十个数，排列没有规律。

关于计数，中国古代有“结绳”和“书契”两种方法，这都是确凿有据的。结绳无疑是用来代替手指计数的，它的具体事实已无从查考，据推测，应该是在绳上挽结，由连续所挽结的个数以计数。

根据我国一部古书《易经》中的《易系辞》上面的话，上古结绳的制度经过相当时期后演变为书契。所谓书契，就是文字的原始形态，把记号雕刻在竹、木、甲、骨等的上面，最初是专用于计数，以后才用来表达其他的意思。

在西洋的语言学上，英语的*tally*和*calculate*两单词都有计数的意思，前一单词本于拉丁语*talea*，意义是刻划；后一字本于拉丁语*calculus*，意义是石子。可见西洋原始民族是在树上刻划或堆聚石子以表数的多寡的，前者和中国古代的书契相类似。

用堆石子代替手指计数，在西洋数学史中认为是人类思想上一个重要的进步。这里不妨先来介绍一下西洋堆石子的原始计数方法及其演变，然后再谈中国的计数方法。

西洋数学史中谈到古代用石子代替手指计数的方法，说是先把石子依照手指的个数分成许多小组，就是每组有“十”个石子，各组分别列成一排，就可以计算超过“十”的数目。因为用到两组以上的石子，就发生了一个“单位”的新观念。后来又因计算大数的机会增多，石子堆聚得太多就感觉不便，于是再把这个方法改良。他们用第二组的每一个石子来代表第一组的全体，譬如第二组的一个石子和第一组的五个石子排成的就代表十五。这样一来，用两组石子就能计算到满“百”的数目。以此类推，后来又用第三组的每一个石子代表第二组的全体，于是就能用三组石子计算到满“千”的数目。这样由于手指的自然影响，形成了以“十”为“进率”的新观念，这才给数学的产生提供了良好的条件。

后来他们改良堆石子的方法，结果就造出“算盘”来。这里所说的算盘是西洋式的，在木盘里面横列着许多铜条，每条上贯串着十个木珠，最下列的十个木珠，每珠表一；上一列的每珠表十；更上一列的每珠表百……这种算盘所用的单位比中国式的单纯，同堆石子的方法完全一样，不过在使用上比堆石子便利罢了。

三

西洋民族的算盘，可以算是计数上所用的最原始的工具。但中国的计数工具，古书上记载的有好几种，起源比西洋要早。下面叙述一个大概：

在现今留存的古书中，有很多谈到我国在黄帝时已出现算数。如汉班固的《汉书》中称算数“至黄帝、尧、舜而大备”。晋张华的《博物记》中又说：“隶首，黄帝之臣，一说隶首善算者也。”唐司马贞的《史记·索隐》引《世本》（春秋战国间的书，已失传）称：“隶首作算数。”汉徐岳的《数术记遗》（可能是六世纪时甄鸾所伪造）中叙述天目先生的话：“隶首注术，乃有多种。”接着列举了十四种方术的名称和简单说明。这些名称是：“积算”“太乙算”“两仪算”“三才算”“五行算”“八卦算”“九宫算”“运筹算”“了知算”“成数算”“把头算”“龟算”“珠算”“计算”。在这些名称和说明中，以及北周甄鸾在该书所作的注解中，虽然都用了“计”和“算”两个字眼，但细考这些方术，除掉“积算”“珠算”等几种外，大部分所用的工具都很简单（最后一种更不用工具），似乎只能用来记数，还不能用作计算。我们在前面已经提到，隶首大概是发明那些方术的象征性人物，这些方术的发明，一定是在很长一段时期里，结合了无数劳动人民的智慧才成功的。

现在根据甄鸾在《数术记遗》中的注解，来了解一下前举各种方术的大概情形。

其中最后一种名叫“计算”的是“宜从心计”，不用工具。八卦算每位用一针，最后一位从针锋所指的八个方向以表从一到八的八个数，又针锋竖而指天就表九；前面一位用同法表数，但所表的是后一位的十倍；再前一位是百倍，其余类推。了知算和八卦算类似，每位用一“了”字，这了字有三曲，每一曲和尾尖的内外各指定表除五外的一个数，首端表五，用任何较小的对象，例如石子等分别放置于各位上“了”字的首尾或弯曲处，以表各位的数。龟算每位用一木制的龟，在它的四面分子、丑、寅、卯……十二个部分，除子、丑、亥不表数外，龟头指向从寅到戌的各部分，依次表从一到九的九个数。除掉上举不用工具或工具极为别致的四种方术以外，其余十种所用的工具，不外“算筹”和“算珠”两种，下面分别把它们说明一下。

运筹算和把头算都用竹制的算筹，上面有刻纹或齿，利用纹的地位或齿的个数，挟在四个手指的三个夹缝间移来移去地表出各数，五行算用五种颜色的算筹，或用一筹表一数，或用颜色不同的二筹合成一数，依次排列以表数。成数算也用有颜色的筹，但排列时须分别东、西、南、北四个方向。以上四种方法，有的使用不很方便，有的工具不够完备，大概都只能用来记数。惟有积算（又称筹算）的制度是比较完善而适宜于做计算的，曾沿用过很久的时期。《后汉书》中说隶首用策，陈子用筹，策和筹是类似的东西，普通多用竹制，像筷子的形状，备几十枚或几百枚以做计算的用途。甄鸾在《数术记遗》中曾说积算是现今通用的算法，又唐代官吏佩有算袋，宋代又有算子筒，都是盛放算筹用的，可见这种算法流传得很久。至于用筹排列成数的方法，根据《孙子算经》（约四世纪末）和《夏侯阳算经》（约八世纪）的记载，知道五以下的数每一筹备当一，五以上的以一筹当五，余筹备当一。又分纵式和横式两种，个位、百位、万位……用纵式，十位、千位……用横式，各位依次纵横相间，可免混淆。筹式如下：

	一	二	三	四	五	六	七	八	九
纵 式	𝍠	𝍡	𝍢	𝍣	𝍤	𝍥	𝍦	𝍧	𝍨
横 式	𝍩	𝍪	𝍫	𝍬	𝍭	𝍮	𝍯	𝍰	𝍱

例如，有数七千九百四十六，排成𝍯𝍨𝍬𝍥。数中有零位的留一空档，例如五千八百零三，排成𝍭𝍧 𝍢。至于怎样用来做各种计算，非三言两语可以说得明白，留在后面一篇里再详细记叙。

太乙算刻板横分九道，上面排列许多纵向的柱，每一柱贯一颗算珠，如图1所示，表数4952。两仪算刻板横分五道，每一纵柱上贯青、黄两颗算珠，黄珠表一、二、三、四，青珠表五、六、七、八、九，如图2所表的数是8471。

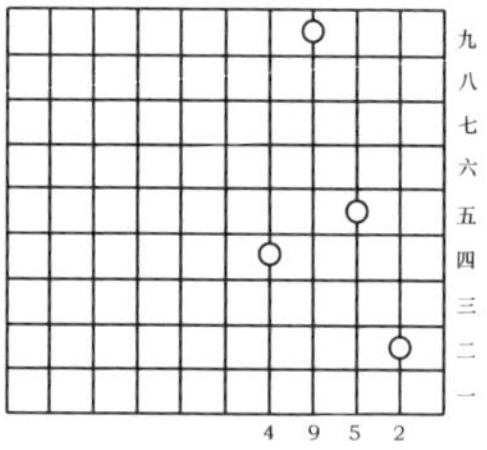

图1

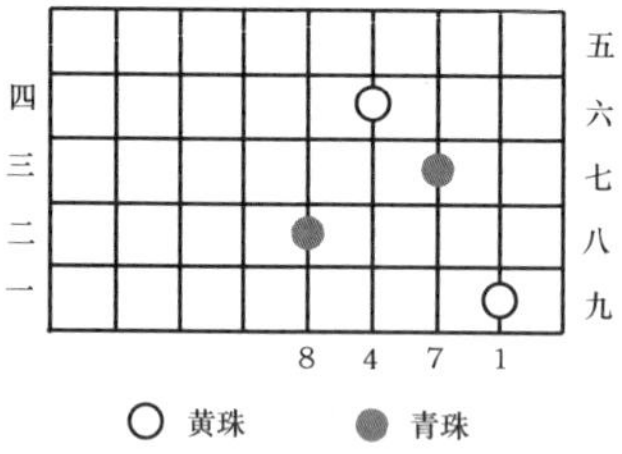

图2

三才算仅分天、地、人三道，如前用各色珠表各位的数，但每位用三种珠，青珠表九、六、三，黄珠表八、五、二，白珠表七、四、一，如图3所表的数是82946。

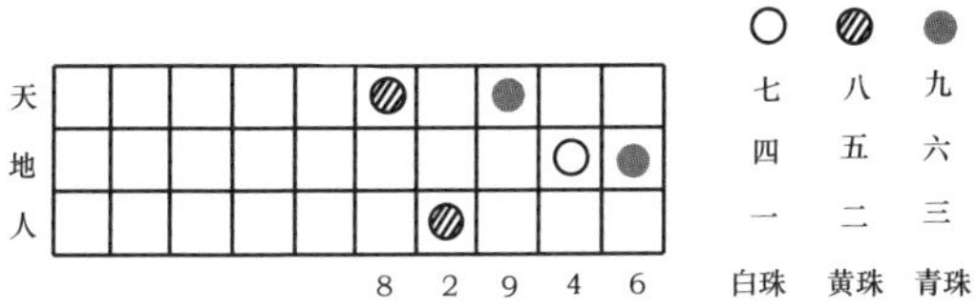

图3

四	九	二
三	五	七
八	一	六

图4

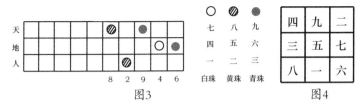

九宫算刻板成九格，如图4，依部位定数，将算珠放入哪一格就表哪一数。珠算和后世盛行的算盘有些不同，刻板为三份，上下二份停游珠，中间一份定算位，每位各放五颗珠，上面一颗珠的颜色和下面四颗的颜色不同，上面的一颗当五，下面的四颗每颗当一，如图5所表的数是75439。

以上各术，珠算虽不及后世的算盘灵便，但已较进步，其余都比较简陋，不便用于计算。

现今所用的算盘，也称珠算，因为把算珠穿在档上，使用非常灵便，所以比前述的珠算进步得多。这种灵便的算盘，经过考据，知道大概要到元代才有，在明代开始盛行，一直流传到现在。

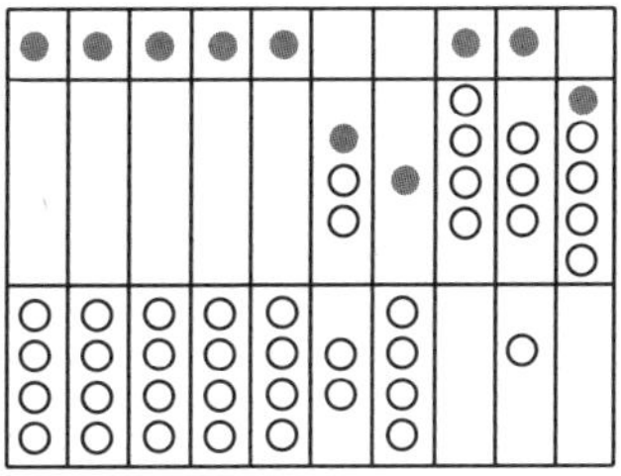

图5

上面所讲的中国古法，种类虽然很多，实际比较完善而便于用来做计算的，只有筹算（为求明显计，通常都改称积算为筹算）和珠算两种。这两种算制所用的工具，比起西洋式的算盘来，都是在十进位里面多了一个以五为进率的中间单位，算法虽比较繁复，但因筹数或珠数减少一半，计算起来可以迅速而且便利，显然是一种比较进步的算器。

四

关于代替手指计数的工具，已在上节讲过，后面再谈一些关于数的语言和文字方面的史料。

表数的语言的产生，一定远在用手指计数的行为发生以后，至于在何时开始，已无从查考。在这方面我们所知道的极少，只有数的语言多从具有各数的常见实物而来，这是可以稽考的。例如，汉语的“二”和“耳”同音，就是耳有两只，是人们所常见的缘故。关于这一个例子，也许有人以为是很牵强的，然而考察西藏文的“二”有“翼”的意义；佛教语的“五”是*pantcha*，和波斯语的手*pentcha*相近；拉丁美洲巴拉圭的印第安人所用的“四”字有“驼鸟足趾”的意思，“五”字有“五色的斑皮”的意思，可见前说不能算是没有理由了。

人们懂得了计数，自然会想法来记载计算出来的结果，留着以备后来考查。前述的书契，一方面可赖以计数，另一方面就是用来记载的文字。中国表数的古代书契，根据地下发掘出来的数据，知道最晚在公元前一千五百年的殷代已经相当完整。我们从1899年以后发现的殷墟甲骨，可以看到上面记载了战争中杀死或俘获的人数，狩猎时所获鸟兽的头数，以及祭祀时所用牺牲的数目等。在这些数字中，有从一到九的一位数和三万以内的多位数，一般都是十进位的。

从中国的文字学上考据起来，除了殷代的甲骨文中载有数字外，较晚些还有周、秦两代的金文和古货币文，以及东汉许慎《说文解字》所收集的战国、秦、汉的文字（一般称作汉代小篆）中也都用到数字。现在把从一到十的四种古代数字列举在下面：

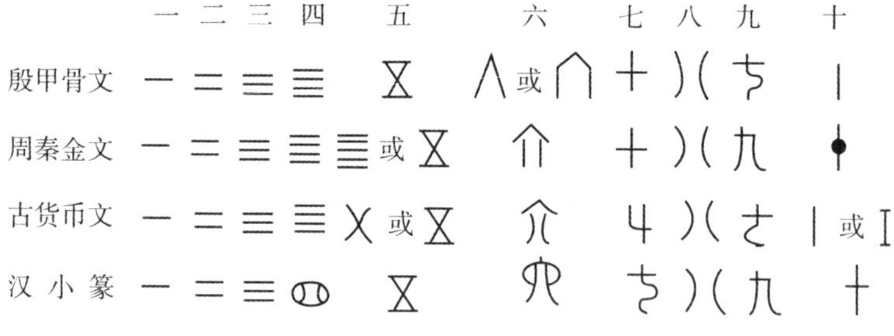

许慎《说文解字》又举古文的一、二、三写作弌式弎。唐、宋以后，以壹、贰、叁、肆、伍、陆、柒（或漆）、捌、玖、拾、佰、仟作为商业上用从一到千的“大写”数字。我们现在为了防止被人涂改，在银行存单和汇款单上，还要用这种大写数字来记载银钱数目。

中国古代计算用筹而不用笔，并且记载所用的文字很简单，书写极便利，所以不需要另创数码来记数。但是后来也有一些地方，依照算筹的排列式样摹写下来，用以代替文字。例如新莽时（公元9–22年）的货币上，有“次布𝍨百”“第布𝍧百”“壮布𝍦百”“中布𝍥百”“差布𝍩百”“厚布𝍣百”“幺布𝍢百”“幺布𝍡百”“小布𝍠百”等字样。这里用筹式代替数字，但是五字的式样和一般筹式不同，即不用五根纵筹而是用一根横筹排列于上方的。在北宋时，司马光（公元1019–1086年）的《潜虚》中也用筹式作为十以内数字的符号，但“五”用古文记作“╳”，而“十”用隶书记作“十”。唐以后各家算书，为了使读者明了计算的步骤，常常摹绘逐步演草用筹的形式。这样按照筹式摹写下来的数码，我们就把它称作筹式数码。后来因为筹式数码所表的数中如有空位，笔缮时很易错误，所以在《唐书》《宋史》里所记的历法数据，都用“空”字表示空位，在南宋时，蔡沈著的《律吕新书》里，又用“□”号来代替。后来在十三世纪四十年代，秦九韶和李冶分别撰著算书，其中都列算草，并且都用“○”表示数字的空位。又在《金史》中所记《大明历》的数据，也有“四百○三”“三百○九”等例子。从此以后，各家算书中除以纵、横两种筹式记数外，普遍用“○”来记零。

至于我们现在所用的数码，最早是印度人使用的，大约在八世纪时传到阿拉伯，后来又传到欧洲，欧洲人就称它为阿拉伯数码。在八世纪初，这种数码也曾由印度传到中国，它的空位是用一个点“·”来表示的。那时候这种数码在中国没有被采用。阿拉伯数码由西方传入中国，应该是在十三世纪后期到十四世纪之间。在这个时候，它已不用点而用“0”表示空位，但是我国早在1240年以前就已经创造了“○”号，它已不需要由外国传入了。由于中国古代原有用□号表示书中缺字的习惯，后来用它来代替了数字的空位，在书写时依照用毛笔画方形的惯例，从左上角向右顺次一笔画去，画快了就变成一个○形。由此可见，这个用来表零的○号，是我国古代按自然趋势逐步演变而独立创造出来的，它并不是由印度或阿拉伯传入的。

中国的筹式数码，后来又演变而成其他几种数码。在秦九韶的《数书九章》（1247年）和杨辉的《日用算法》（1262年）里，为了便于书写，把四、五、九三种数码加以变通。四的数码借用古文五字的X，意义大概是取它的四面分歧的形式；五的数码用$\overline{\bigcirc}$或$\dot{\bigcirc}$，表示五加零；九的数码用$\overline{\text{X}}$或$\dot{\text{X}}$，表示五加四。这种数码叫作宋代简易数码。明朝以后，筹制已废，演算都用算盘，通常商业上记数，除用文字外，又习用一种暗码，和宋代数码大同小异。这种数码仅有

一、二、三兼用纵、横两式，其他都单用横式，并且把五和九的写法依笔顺稍加变形，即ბ经由ბ而成为〥，乂经由ㄨ而成为〩。这种数码叫作明、清商用数码，俗称“苏州码子”。现在把这两种数码举示如下：

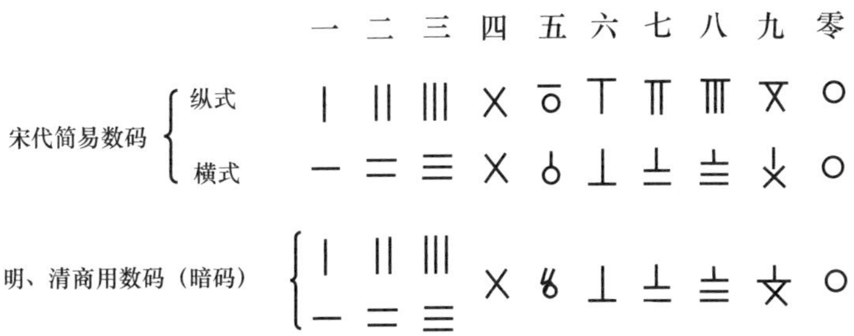

五

中国很早就有了比较完善的计数工具，所以在周代已经有了算数的教育制度。东汉郑玄解释周官所教的“九数”，内中除掉算术的整数和分数四则、开方、求积和比例以外，还有代数的正负数计算和多元一次方程组等，它的发现的确很早。

世界各民族的数学发展和演变，虽然跟计算工具和数码的优劣有关，但这只是一些促进或阻碍数学发展的外在原因。我们应该注意，数学的发展和演变，绝不是可以脱离社会制度和经济基础来研究的。完善的计数工具和数码可能引起了数学的迅速发展，拙劣的计数工具和数码也可能造成了数学发展途中的障碍，但它们也是由当时的社会环境和生产情况所决定的，可见它们绝不是内在的起决定性作用的根本原因。

中国古代的民族，很早就聚居在黄河流域，在祖国肥沃的土地上从事农业生产，从而获得了测量田地面积和计算仓窖容量的经验。他们为了要把农作物种好，必须知道天体循环和寒暑交替的规律，由此得到了天文历法上的经验。在集体劳动制度下，他们知道了怎样分配生活必需品；在社会劳动分工后，他们知道了怎样交换劳动生产品。这样，由于人们日常生活上的实际需要，劳动人民对数学就有了许多认识。到了初期的封建社会里，统治阶级为了要征收赋税，必须建立会计制度和计算运输路程；为了防止黄河泛滥，必须造堤筑坝，计算人工和土方；为了疏通水道，必须测量地形高低；为了建造宫室和器具，必须有圆规、方矩，以及有关工程的一切计算。由于各方面都需要数学，所以我们中国的数学在很早就有相当的成就。

从上述的情形来看，我国的数学是从社会的实际需要而获得发展的。但还须注意，由于数学的发展，同时也促进了其他部门科学的发展，例如天文、测量、机械、建筑和水利工程等。总而言之，数学和其他科学是相互依存、相互制约的，而不是各自孤立地发展的。

在我国古代，数学的发展虽然不能说怎样快，但一直是比较先进的。从元代中叶起，即十四世纪以后的一段相当长的时期里，我国的数学，除了珠算和商业等方面的应用算术外，几乎毫无进展，而且有些书籍和算法失传了。这种很少发展和书籍、算法失传的原因，是和我国漫长的封建社会制度以及统治阶级的罪恶分不开的。譬如元代采用残酷的民族压迫政策，连年战乱，人民流离失所，谈不到学术研究；明代科举取士，使一般人都去诵读封建教条，对学术绝不重视。而且，最主要的是和当时社会生产的情况分不开的。那时候中国一直停留在封建社会阶段，在封建剥削制度的生产关系下，生产力难于发展，而欧洲各国经过了产业革命，脱离封建的束缚，转入了资本主义社会，由于生产关系改变，生产力提高，科学技术随之有很大发展，数学也就飞速地发展起来。另外，它和资本主义国家的侵略也是分不开的。我国从明末以来，受到资本主义国家的文化、经济和武力等各方面的侵略，逐渐陷入半封建半殖民地的地位，不但科学创造受到阻挠和歧视，而且由于文化侵略的影响，某些人崇拜所谓的“西方文明”，于是我们祖先的伟大创造就遭受到极不应该的鄙弃。

目前，中国数学在近世数学的各个分支上已取得了不少卓越成就。我国现代的数学工作者，继承着祖先的优良传统，对学术研究一向是孜孜不倦地深入钻研的，近几十年来，他们在数学上早就有了许多伟大的贡献。新中国诞生以后，由于党和政府给与学术界以不断的关怀和支持，鼓舞了数学工作者，他们在原有的基础上继续努力，并积极地向先进学习，因而得到了更丰富的收获，我们从中国科学院数学研究所研究工作成果的历次介绍，就可见一斑。在历年召开的全国数学界代表大会和数学讨论会上，全国数学界表现出了空前大团结，增强了开展数学研究工作的信心，并且除了老一辈的数学工作者之外，年青一代不断地成长。从这里可以看出，我们中国数学界有无限的潜在力量，在不久的将来，中国数学会突飞猛进，在世界上占有一个很重要的地位。

古代的筹算

一

在前一篇里，我们提到中国古代的筹算是比较完善的计数制度，曾经沿用过很长的一段时期。中国古代人民最初使用筹（那时也许还没有特制的筹，只是一些小树枝），大概只是用来“点数”物件的多少。例如，牧羊的人要想知道他自己的羊有没有失落，可把羊一只一只地点数，每点到一只羊就在地上放一根筹。放到最后，如果看见所放的正是一定的（就是和原有羊数相等的）那些筹，那么就可以确定他的羊没有失落。

后来，因为需要点数的对象太多，聚了许多筹很觉不便，于是规定满五可用放在上列的一根筹来代替；满十可用放在左面一位的一根筹来代替。

人类的生活一天天进展，关于数的问题就不是单靠点数便能解决的，于是逐步创造出把几个数合并成一个数的方法，就是加法；从一个数内取去另一个数，求剩下的数的方法，就是减法。继续发展下去，又创造了若干个相同数相加的简法，就是乘法；把一个数分成若干个等份，而求每一份的数的方法，就是除法；从一个数自乘的结果，还原而求原数的方法，就是开方。又除法常常遇到除不尽的情形，就创造了分数以及分数的各种算法。

我们中国的筹算，就是用来解决整数和分数的加、减、乘、除、开方等基本计算的古代算制。有了这些基本计算，日常生活中关于数的实际问题，如交易、分配、工程、赋税、测天、量地、行程、容量等，只要把它们适当地联合使用，就都可以获得解决了。

现在先来谈一谈筹算的渊源，然后再把各种计算的方法介绍一下。

筹算所用的算器有种种不同名称，大概最先叫“策”，以后才有“算”“筹”“筹策”“算子”等别名。古书里对这几个名词的解释很多，这里不去细说，单把许慎《说文解字》里的几句话提一提。《说文解字》竹部里面有一段话，意思是说：筭（同算）长六寸，是计历数用的，字的上半是竹，下半是弄，意思是用竹做成，时常去搬弄，就能熟而不误。可见中国文字的“算”，最初是一个名词，即筹的别名，后来才用作动词，意义是“计算”。

考查到筹的大小和形式，各个时期很不一致。《汉书》

里说长六寸，径三分[1]，这是象筷子一样成圆柱形的。在南北朝时变成了长四寸每边三分的方形，《隋书》又称长三寸阔二分，表“正数”的筹是三角柱状的，表“负数”的筹是正方柱状的。

所谓正数，就是算术上的数。如果从小数减去大数，算出“欠多少”就是负数。这已是代数学上所用的数了。

筹的分别正数和负数，除上述隋代的制度外，三国时魏国刘徽在《九章算术》的注（公元263年）里说：“正筹赤色，负筹黑色，有时用一色的筹，正排表正数，斜排表负数。”宋秦九韶的《数书九章》也用正赤、负黑来分别，但李冶的《测圆海镜》（1248年）和杨辉的《详解九章算法》（1261年）里面摹写下来的筹式数码，凡负数的末位都加一斜划，清代所著的书中也沿用这一个方法。

讲到制筹所用的材料，初时用竹，间或有用细木条的，后来有用铁、用牙、用玉的种种。

古时计数，往往要用筹几十枚或几百枚，所以常备盛放的器具，这在唐代叫算袋，宋代叫算子筒。

1. 现传本《汉书》作“径一分”，这是错误的。因为那时的一尺还不到现今的七市寸，径三分也不过二市分光景。

二

究竟筹算是怎样计算的呢？

用筹排列成数的方法，在前篇已经举示图式和例子。这里就从整数四则的基本算法讲起。

筹算加、减的方法，古书里都没有明白记载，大概是为了简单易晓的缘故。譬如加法，先用筹列成一被加数，把加数的各位数依次加到被加数中相当位的数上，和数不满五的添筹在下面，和数满五的把下列当一的五筹升作上列当五的一筹，和数满十的就进作左位的一筹。照这样说来，同近世珠算的方法丝毫没有两样，不过古代筹算加、减不用口诀，算时随数移筹，以意进退罢了。至于减法，本位足够减时就依数去筹，不足时或去上列当五的筹，或退左位当十的筹，也和珠算一样。

筹算乘、除的方法，都要用“九九口诀”。九九口诀就是现今的乘法表，我国最晚在公元前三四百年就有了。这种口诀共四十五句，散见于各家的书中。记录较多的，如春秋时候的《管子》里载有乘数是七的各句，汉代的《淮南子》里也载有乘数是九的各句。因为一般都按照“九九八十一”开始，“一一如一”终止的次序排列，所以叫作“九九”。在敦煌发掘出来的汉代“九九术残木简”里，就有保存下来最古的乘法表。

古书介绍筹算乘、除比较详细的，有《孙子算经》《夏侯阳算经》等。这两本书的著作年代都难细考，《孙子算经》大约是晋朝时候（四世纪末）的书，现传的《夏侯阳算经》已经不是南北朝夏侯阳的原著，而是唐朝韩延（约八世纪）所编的实用算书，后来宋朝刊刻《算经十书》时用来伪充的。现在先把《孙子算经》里的乘算法则抄录于下，然后再举例加以说明。

凡乘之法，重置其位，上下相观，上位有十步至十，有百步至百，有千步至千。以上命下，所得之数列于中位。言十即过，不满自如。上位乘讫者先去之，下位乘讫者则俱退之。

这一段文字很古奥难懂，但是如果把它和下面的例子对照着看，那就容易明白了。

【例】 求以八十一乘八十一的积。

先列乘数八十一于上位，再列被乘数八十一于下位（即重置其位）[1]。因上位有十位的数，就把下位的个位数一对准上位的十位数八（即上位有十步至十），如图6的（1）。

接着以上八和下八相乘（即以上命下），得六十四置于中位，这六十四的六置于被乘数八上方的左位（即言十即过），个位四置于八的自身相当的位上（即不满自如），如图6的（2）。

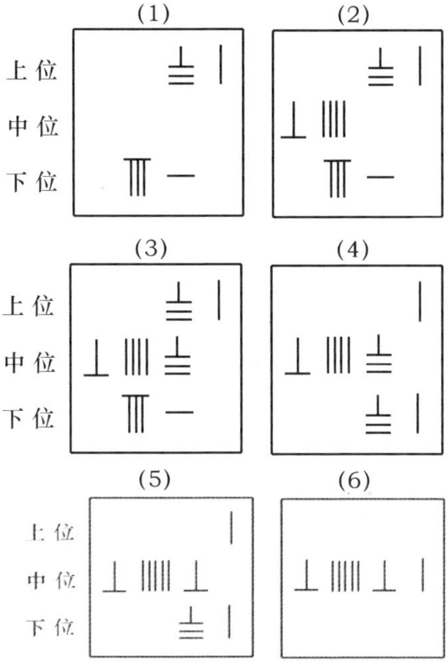

图6

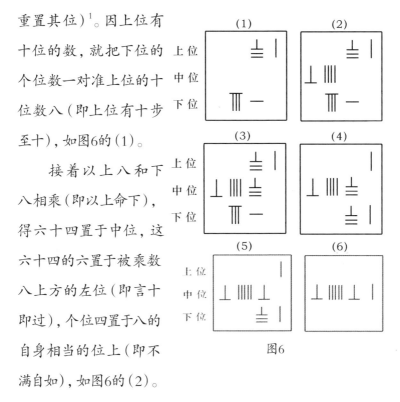

又以上八和下一相乘得八，仿前法置于中位，如图6的（3）。

再去上位的八（即上位乘讫者先去之），把下位的数退后一位（即下位乘讫者则俱退之），如图6的（4）。

又以上一和下八相乘得八，加于下位八的上方，如图6的（5）。

最后以下一和上一相乘得一，加于下位一的上方，再

1. 古代乘法中相乘的两个数，没有被乘数和乘数的名义。

去掉乘数和被乘数，得答数六千五百六十一，如图6最后的（6）。

在古代的算书里，以多位数做乘数时叫作乘，以一位数做乘数时叫作“因”。所以，遇到用一位数例如3来做乘数，常说“三因之”，或更简略地说成“三之”。

下面再举一个《孙子算经》里的除法的实例。

【例】 求以九除六千五百六十一的商。

先置被除数（古称“实”）六千五百六十一于中位，除数（古称“法”）九于下位，估计得商七百，置于上位，如图7的（1）。

再以上七和下九相乘得六十三，从中位减去六千三百，如图7的（2）。

把除数九退后一位，续商二十，置于上位，如图7的（3）。

以上二和下九相乘得十八，从中位减去一百八十，如图7的（4）。

再把除数退后一位，置商九于上位，如图7的（5）。

以上九和下九相乘得八十一，从中位减去它，恰尽，收去下位的九，得答数七百二十九，如图7的（6）。

如果遇到除不尽的问题，可以在整数的商后面带一个分数，参阅本篇第四节分数除法的例子。另外还有类似于现今的“四舍五入”的办法，例如汉代《淮南子》所记比较乐器声音用的“律管”的长度，以及《九章算术》（现传本的成书时期约在公元一世纪后期）“均输”章问题中求得的车辆数，它们所带的分数满$\frac{1}{2}$的都进作整数1，不满$\frac{1}{2}$的都舍去。但《九章算术》中刘徽的注只是把这个方法称作“推少就多”，还说

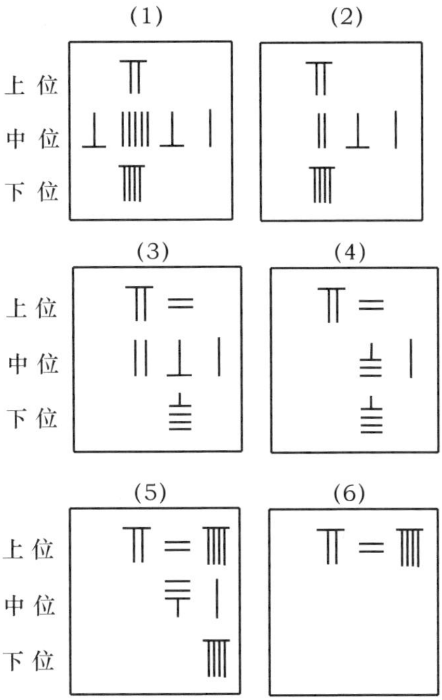

图7

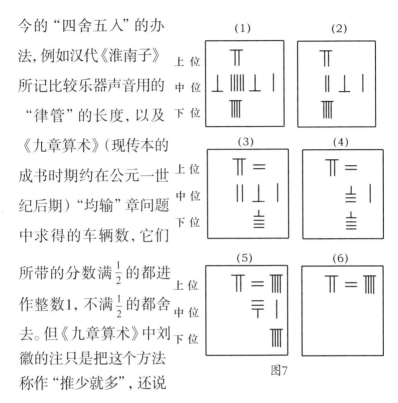

得不太明显，同时期的杨伟在他所著的《景初历》（237年）中才明确地提出“半法以上排成一，不满半法废弃之”的法则。这里所谓“半法以上”是指分子大于分母的一半（因为分母就是除数，除数原叫“法”），“不满半法”是指分子小于分母的一半。又隋代刘焯《皇极历》（604年）所说的“过半从一，无半弃之”，那就更加明显了。至于除不尽的问题可以续商十进位的小数，在中国二世纪时就有这个方法。《后汉书·律历志》记载乐律的算法，不满一时用十分之一为单

位来记数，再不满时算出十分之一的单位数。小数的记法，最早见于元代刘瑾的《律吕成书》（十三世纪），例如16922.28225忽，写作：

1	6	9	2	2					
万	千	百	十	忽	2	8	2	2	5
					千	百	十	分	半

但原书是用筹式数码记出来的。

古书里常常把一数被另一数除记作“实如法而一”。例如物数被人数除，记作“以物数为实，如人数而一”。又单说以3除时，常用“三而一”表示。

上举的除法是自古所沿用的，叫作“商除”，和现今的笔算除法类似。到宋、元之间，又新创“归除”的方法，宋代杨辉（1261年前–1275年后）和元代朱世杰（1299年前–1303年后）的书中都载归除的口诀，就是近世珠算里面所用的。不过那时候珠算还没有盛行，这两本书里都用筹算说明，当然是应用于筹算的。筹算和珠算不过在算器方面略有不同，算法原是一样，所以我们把归除的方法留着在下一篇珠算的故事里再谈了。

三

关于筹算开方的算法，古书里谈到开平方的有《九章算术》《张丘建算经》和前面说的《孙子算经》《夏侯阳算经》等。《九章算术》大约是东汉初年的书，不过秦以前各家所搜罗的先民经验纪录一定也都保留在里面。现在流传的《九章算术》是三国时魏国刘徽所注解的，其中所举的开平方法列数四级。《张丘建算经》作于南北朝时（约五世纪），和其他两书同是列数五级。现因各法大同小异，所以用《九章算术》里的方法做代表，举例说明于下。

【例】 求五万五千二百二十五的平方根。

先列被开方数于第二级，叫作“实”，用一根叫作“借算”的筹，放在第四级（这根筹并不计数，作用和笔算里的分段一样，可用以定各数加减的位次），从个位向左移，每移一次跳过一位，能移一次的，“商”（即平方根）的首位在十位，能移两次的，商的首位在百位，现在移动两次，到实的首位五的下面，不能再移，因为再移上面就没有数，所以知道商的首位在百位，列式如图8的（1）。

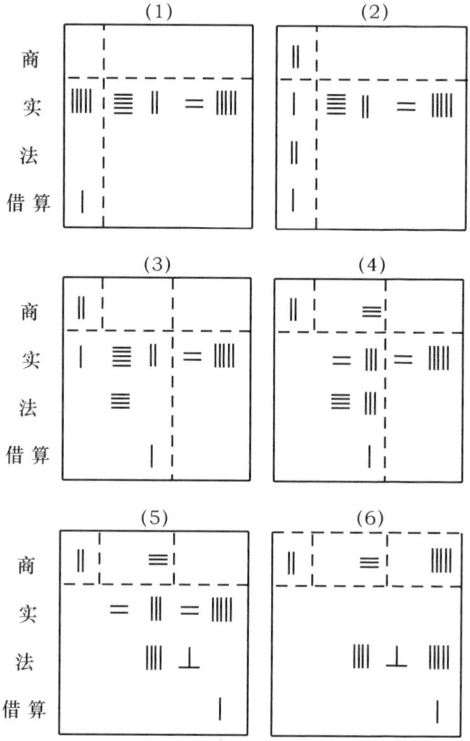

图8

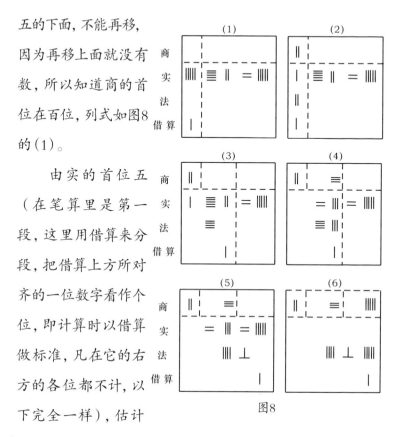

由实的首位五（在笔算里是第一段，这里用借算来分段，把借算上方所对齐的一位数字看作个位，即计算时以借算做标准，凡在它的右方的各位都不计，以下完全一样），估计得“初商”（即平方根第一位）是二（其实是二百），列在第一级，又置初商数二于第三级，叫作“法”，法和初商相乘，从实内减去，如图8的（2）。

再把法加倍，退后一位，叫作“定法”，同时把借算退后二位（这时的实已接上了第二段，看作是一百五十二，定法看作是四十，可试除而定“次商”），如图8的（3）。

接着定“次商”（即平方根第二位）三（其实是三十），继续列在第一级，又加次商于定法，以次商乘它，从实内减去，如图8的（4）。

又加次商于定法，退一位，这是“三商”（即平方根的第三位）的定法，借算退二位（这时的实已接上了第三段，成二千三百二十五，定法是四百六十，可试除而定三商），如图8的（5）。

最后定“三商”是五，继续列在第一级，又加三商于新的定法，以三商乘它，减实恰尽，得答数二百三十五，如图8的（6）。

上举的算法，刘徽曾用几何图形加以说明。他用一个正方形的面积表示被开方数，把它分成七个部分（如图9），其中的三个小正方形，设黄甲幂是a^2，黄乙幂是b^2，黄丙幂是c^2，那么两个朱幂应该各是ab，两个青幂应该各是$(a+b)c$。从图易知，原正方形的面积是：

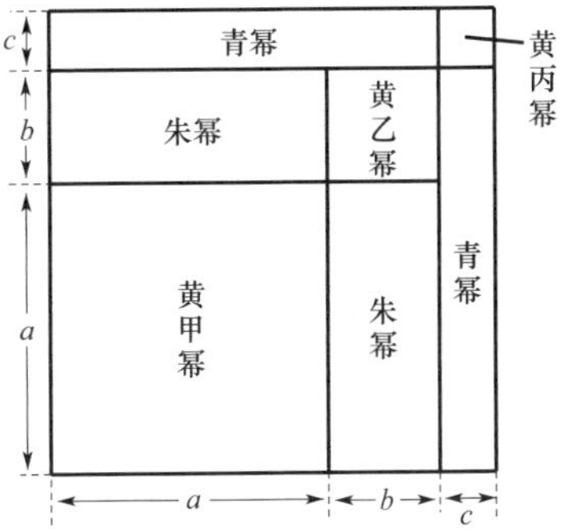

图9

$$(a+b+c)^2=a^2+2ab+b^2+2(a+b)c+c^2$$

$$=a^2+(2a+b)b+[2(a+b)+c]c$$

用前面的例题来说明，就是设

$$a=200, \quad b=30, \quad c=5,$$

那么

$$235^2=200^2+(2\times200+30)\times30+〔2\times(200+30)+5〕\times5$$

可见前例中计算而得图8的（2）的结果，实际就是从实减去上式右边第一项200^2而确定平方根的百位是2。又计算而得图8的（4）的结果，是从余下的实减去上式右边第二项（2×200+30）×30而确定平方根的十位是3。同理，计算而得图8的（6）的结果，是从余下的实减去上式右边第三项〔2×（200+30）+5〕×5，恰尽，从而确定平方根的个位是5，所求的平方根是235。

遇到开平方不尽的问题，可以在整平方根后面带一个分数，用来表示所求平方根的近似值。《九章算术》原有“以面命之”的方法，就是设被开方数$A=a^2+r$，而$r>0$，那么

$$\sqrt{A}\approx a+\frac{r}{2a}$$

这样所得的一个平方根近似值，误差过大，因而是不适当的。《夏侯阳算经》又有“以奇命之”的方法，如前式，它仅仅说明A的平方根是a，而以r作为“奇”，很不具体。刘徽在《九章算术》的注里，介绍了“不加借算”和“加借算”两种方法。不加借算也见于《孙子算经》，例如

$$\sqrt{234567}=484\frac{311}{968}$$

就是设$A=a^2+r$，那么

$$\sqrt{A}\approx a+\frac{r}{2a}$$

加借算[1]也见于《张丘建算经》，例如

$$\sqrt{13068}=114\frac{72}{229}$$

就是设$A=a^2+r$，那么

$$\sqrt{A}\approx a+\frac{r}{2a+1}$$

这两个方法所得的近似值比较精确，中国创于三世纪时，在阿拉伯到十一世纪也有同样的方法。另外，刘徽又提出开平方不尽可以续开小数的方法。所谓“其一退以十为母，其再退以百为母，退之弥下，其分弥细”，就是说明按照整数开平方法继续退位，第一次退位后续开所得的是平方根的十分位，第二次退位后续开所得的是平方根的百分位。这种方法显然是最进步的，因为由此可以根据我们的需要，得到任何精确度的平方根近似值。

1. 这个方法和不加借算所不同的，是所带分数的分母中多加1。因为古法把那一根名叫“借算”的筹当作1，加在所带分数的分母里，所以叫作“加借算”。

开立方也有列数五级和六级的两种不同的古法。其中《张丘建算经》里的方法比较容易明白，现在把它介绍一下。

【例】 求一千二百八十一万二千九百零四的立方根。

先列原数（实）于第二级，再把借算（下法）从第六级的个位向左移，每跳过二位移一次，现在移两次后不能再移，知道初商一定在百位，如图10的（1）。于是估定初商二，列于第一级，自乘得四，叫作“方法”，列于第三级，初商乘方法，从实内减去，如图10的（2）。三倍方法，又三倍初商叫“廉法”，列于第四级，如图10的（3）。方法退一位，廉法退二位，下法退三位，如图10的（4）。以方法试除实，定次商是三，以乘廉法，又次商自乘叫“隅法”，列于第五级，如图10的（5）。以方、廉、隅三法各乘次商，从实内减去，如图10的（6）。再二倍廉法，三倍隅法，都并入方法，改用初、次商的三倍做廉法，如图10的（7）。方法退一位，廉法退二位，下法退三位，如图10的（8）。再以方法试除实，定三商是四，以乘廉法，又三商自乘做隅法，以方、廉、隅三法各乘三商，减实恰尽，得答数二百三十四，如图10的（9）。

刘徽在《九章算术》的注里也用几何图形说明这一个算法。他用一个正方体的体积表示被开方数，先把它分成八个部分（如图11），其中有两个

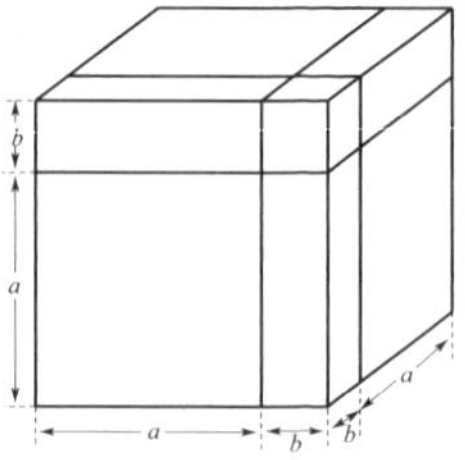

图11

正方体，较大的一个（在后面左下角）是a^3，较小的一个（在前面右上角）是b^3，还有三片正方板各是a^2b，三条正方柱各是ab^2。从图易知，原正方体的体积是：

$$(a+b)^3=a^3+3a^2b+3ab^2+b^3$$

$$=a^3+(3a^2+3ab+b^2)b$$

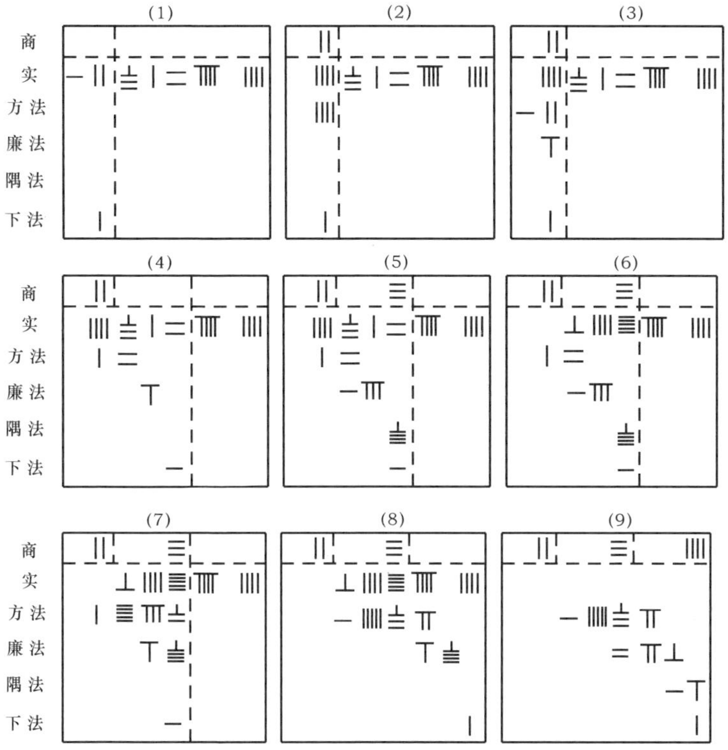

图10

如果我们把原正方体的每边分成a、b、c三份，由此分割而成十五个部分（如图12），其中除了和前面完全相同的七个部分（在图的后面左下角，它们合成一个每边是$a+b$的正方体，体积是$a^3+3a2b+3ab^2+b^3$）以外，还有三片大而薄的正方板，它们的体积各是$(a+b)^2c$，三条细而长的正方柱，它们的体积各是$(a+b)c^2$，一个很小的正方体，它的体积是c^3。易知原正方体的体积是：

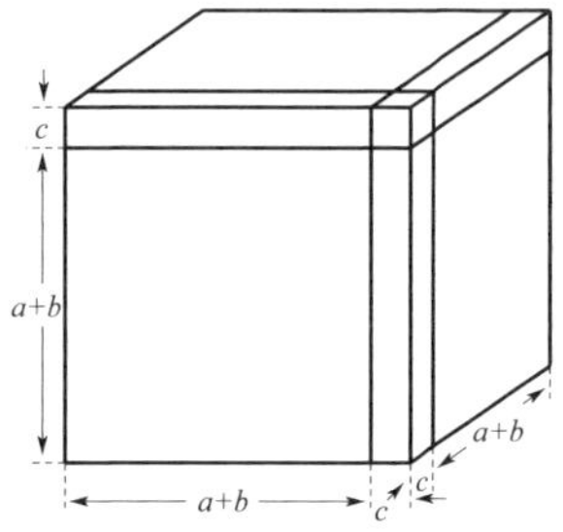

图12

$$(a+b+c)^3$$

$$=a^3+(3a^2+3ab+b^2)b$$

$$+〔3(a+b)^2+3(a+b)c+c^2〕c$$

用前举例题来说明，就是设

$$a=200,\qquad b=30,\qquad c=4,$$

那么 $234^3=200^3+(3\times200^2+3\times200\times30+30^2)\times30$

$$+(3\times230^2+3\times230\times4+4^2)\times4$$

可见前例中计算而得图10的（2）的结果，实际就是从实减去上式右边第一项200^3而确定立方根的百位是2。又计算而得图10的（6）的结果，是从余下的实减去上式右边第二项$(3\times200^2+3\times200\times30+30^2)\times30$而确定立方根的十位是3。计算得最后的结果，是从余下的实减去上式右边第三项$+(3\times230^2+3\times230\times4+4^2)\times4$而确定立方根的个位是4。

遇到开立方不尽的问题，也可以用带分数来表示所求

立方根的近似值。《张丘建算经》中的例子是

$$\sqrt[3]{1572864}=116\frac{11968}{40369},$$

就是设$A=a^3+r$, 那么

$$\sqrt[3]{A}\approx a+\frac{r}{3a^2+1}。$$

在十三世纪时，意大利的方法同这个相近，它由同样的假设得到

$$\sqrt[3]{A}\approx a+\frac{r}{3a(a+1)+1}。$$

四

关于分数四则的筹算法，古书里提到的也很多。在《九章算术》的约分问题中，还包含着最大公约数的求法，叫作“连环求等”或“更相减损”，举例说明于下。

【例】 把九十一分之四十九约为最简分数。

先置分母于下，分子于上，各重复列两数，如图13的（1）。把左边上下所列的分子分母辗转累减，就是从大数累次减去小数，直到不够减时就反减。现在从九十一减去四十九，一次就余四十二，如图13的（2）。从四十九减去四十二，一次就余七，如图13的（3）。从四十二减去七，经五次所余的恰巧也是七，这时上下得相等的数七，如图13的（4）。以七各除右边所列的分子分母，得分子是七，分母是十三，所以所求的分数是十三分之七，如图13的（5）。

上述算法中的辗转累减，实际就是新法笔算里的辗转相除，最后所得的相等数七，实际就是新法中最后一次除算

（即能除尽的一次）中的除数。

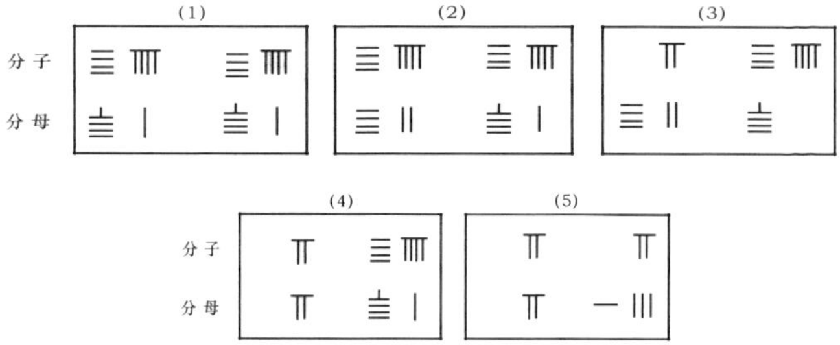

图13

继续再举《孙子算经》里的分数加法和减法两题如下。

【例一】 求三分之一加五分之二的和。

先照图14的（1）置各分子分母，再用上数的分母乘下数的分子，下数的分母乘上数的分子，如图14的（2）。左方上下相并得十一是实，右方上下相乘得十五是法，如图14的（3）。以法除实，因为实不满法，所以得分数十五分之十一。

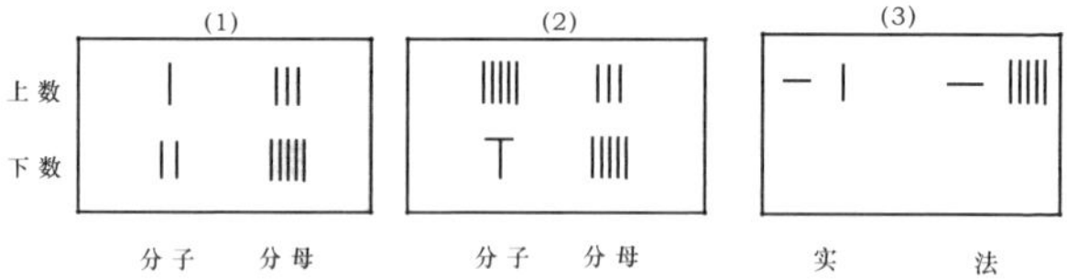

图14

【例二】 求从九分之八减去五分之一的差。

仿上题的方法，但最后从左方的上数减去下数是实，参阅图15自明。

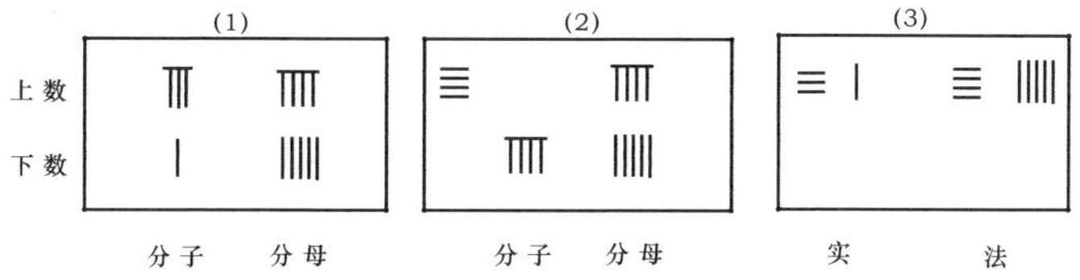

图15

最后，再举《张丘建算经》里的分数乘法和除法两例如下。

【例一】 求二十一又七分之三乘三十七又九分之五的积。

先置数如图16的(1)，以被乘数的分母七乘二十一，并入分子，得一百五十，同法化乘数，得式如图16的(2)(3)，这就是化带分数成假分数的方法，古时把它称作“通分内(纳)子”。两分子和两分母各相乘，得数如图16的(4)。以分母除分子，商八百零四，余四十八，用分数六十三分之四十八表示，如图16的(5)。再经约分就得如图16的(6)。

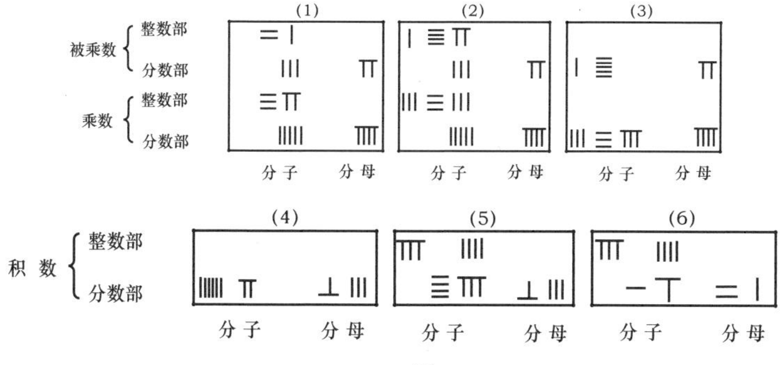

图16

【例二】 求以二十七又五分之三除一千七百六十八又七分之四的商。

先置数如图17的（1），仿前法化作假分数，如图17的（2）。以除数分母五乘被除数的分子做实，被除数分母七乘除数的分子做法，如图17的（3）。以法除实，得商六十四是整数部，余七十六是分子，法九百六十六是分母，再约分就得，如图17的（4）（5）。

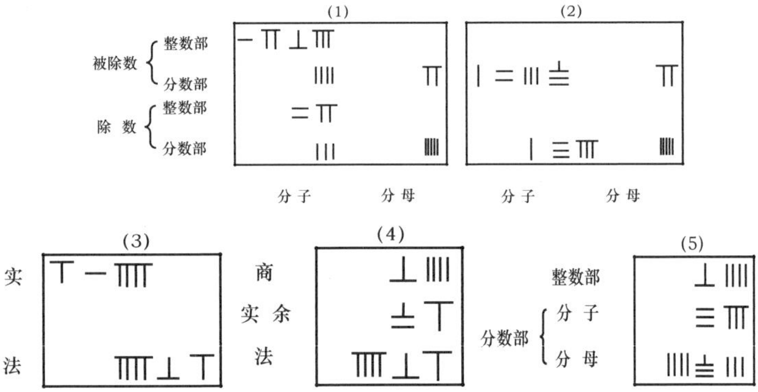

图17

上述各法，读者如用新法笔算来和它对照一下，就知道列式虽然不同，实际算法是完全一样的。

五

中国筹算的记数法是采用地位制的，就是由数字的位置表示位次。它的位次分明，计算便利，原则上已和现今的阿拉伯记数法类似。在欧洲方面，十世纪时还是使用着罗马的记数法。大家都知道，罗马记数法没有位次，只把七种字母依照和、差的规定连续排列，用它来做计算，异常麻烦，即使计算几个较大数的加法，也要费很大的劲儿才能得到结果。可见当时中国筹算的记数法是比较先进的方法。

关于筹算的整数四则算法，中国可能在公元前几百年已有完整的法则。根据推测，筹算乘除法传到印度后演变而成“土盘算法”，再传到阿拉伯，演变而成“笔算削去法”，继续传入欧洲，才逐渐改进到现有的算法。现今所用阿拉伯记数法的地位制，受到中国筹算记数法的影响可能是极大的。

筹算除法把被除数放在中位，除数放在下位，商数放在上位，中位有余的做分子，下位做分母，印度的土盘算法和它完全相同。在阿拉伯，也是把分子写在分母的上面，但在中间添了一条横线，就成为现今的分数。又在《九章算术》里早就有了分数的通分、约分和四则计算，印度和阿拉伯的分数算法可能都是从中国传过去的。

我们考察到五世纪后的大部分印度数学是中国式的，九世纪后的大部分阿拉伯数学是希腊式的，在十世纪中两派合流，传到欧洲各地，于是欧洲人一面恢复已失去的希腊数学，一面吸收新传入的中国数学，近代数学才有可能得到高度的发展。由此可见，中国古代筹算在世界数学史上占有十分崇高的地位。

在这一篇里，我们只讲了怎样用筹算处理各种基本算法，至于怎样来解决一切实际问题，留待“实用算术的发达”一篇中再谈。

由于中国擅长使用算筹，而算筹依地位记数，对代数计算有特殊便利的地方，所以中国最晚在汉代已有正负数算法和多元一次方程组的解法，并成立二次方程，唐代又成立了三次方程，宋、元间在代数学上更得到了高度的发展。关于用算筹做代数计算的方法，不在本书范围以内，读者可参阅《中国代数故事》一书。

筹算虽已在各方面表现出了它的长处，但因计算时需占很大的面积，而且排列时稍稍碰动，就易紊乱，有许多不便，所以从元代到明代经逐渐改革，就演变成珠算，于是筹算就成为历史上的陈迹了。虽然如此，筹算记数法和各种基本算法在原则上仍保留在珠算里面，珠算只是以算珠代替了算筹，并用轴贯穿起来，使用比较灵便罢了。

近世流行的珠算

中国古时计数，从筹算演变成珠算，在算术计算上，无疑是个显著的进步。由于算盘使用灵便，算法易学易精，为大众所欢迎，所以从几百年前一直流传到现在。近世虽有“算尺”和“计算机”等新型算器发明，但是中国式的算盘到现在还是通用着，可见它切合实用，的确是很有存在的价值的。

珠算起源于哪一代？算盘是哪一个人发明的？这两个问题现在没有肯定的答案。

图18

《算法统宗》“师生问难”图

珠算这一名称，最初见于《数术记遗》书中，但是所用的算器和算法和近世的不同，在前面已经讲过。此后，宋《谢察微算经》里面曾经提到算盘，还说盘中有横梁隔木。但该书原本已失传，现传本可能不是宋人著作，所以由此不能断定宋代已有和现今相同的珠算盘。又在元陶宗仪《南村辍耕录》（1366年）中，曾经把举动不灵敏的，就是现今所谓“拨一拨，动一动”的人，譬作算盘珠，可见在元代已经有算盘了。明程大位《算法统宗》（1592年）的末后，附载着“古今算学书目”，中间有宋代元丰、绍兴、淳熙（1078–1189年）以来刊刻的算书名叫《盘珠集》和《走盘集》的两种，就这名字来看，应该是关于珠算的书籍，但是已经失传了。明代吴敬（1450年）、柯尚迁（1578年）、程大位、黄龙吟（1604年）等人所著的书里，都明载算盘。除吴敬的《九章算法比类大全》以外，其他的还绘着算盘的图式。等到清代，书中又有改称算盘为珠盘的。

算盘的式样，除《数术记遗》所记“刻板为三分……停游珠……”与今式不同的以外，宋《谢察微算经》里有“算盘之中……脊是盘中横梁隔木”的话，可以看得出近代算盘的一部分。在明代，从书中的算盘图式，知道这就是近代的算盘，不过位数不确定，柯尚迁的《数学通轨》所载的“初定算盘图式”是十三位，程大位《算法统宗》里的是十一位（参看图18）或十五位，黄龙吟《算法指南》里的是九位。

珠算所用的口诀，在珠算流行以前早就有了，那是用在筹算上的。关于加减法，最初没有口诀，大概是为了非常浅易，可以随数拨珠、以意进退。后来，明程大位的《算法统宗》载着“上法歌”二十六句，就是加法口诀；清梅瑴成的《增删算法统宗》补入“退法歌”二十二句，就是减法口诀。乘法在古代早有九九口诀，前面已经谈过。至于除法，在前篇所述的筹算“商除”中，仅用乘法和减法，不需要另立口诀，后来发明了“归除”，才有新的口诀产生。归除口诀在宋代杨辉《乘除通变算宝》（1274年）里见得最早，字句和现今通行的略有不同，例如九归的“逢九进一”称“遇九成十”，“九一下加一”称“见一下一”，七归的“七三四余二”称“见三下十二”，八归的“八四添作五”称“见四作五”等。“撞归”“起一”的口诀，最初见于元代贾亨的《算法全能集》（约十四世纪中），现今的“见二无除作九二”称“二归为九十二”，其余类推。元、明其他书中的口诀，都和现今流行的大同小异。古人常喜把算法编成歌词，借此便于记忆。关于珠算的歌词，元朱世杰（1299年）、贾亨、明程大位、吴敬的书中都有，留着在后面另做介绍。

在珠算古法里，除基本四则和开方外，又有乘除速算——包括“飞归”，以及“斤两法”等杂法，到后面再谈。

珠算传到欧洲的经过，因缺乏参考数据，这里只好不谈。至于日本方面，从远藤利贞的《日本数学史》，知道明末日人毛利重能到中国来留学，把程大位的《算法统宗》带回去，著《归除滥觞》一书，把珠算教授国人。但是现在日本伊势的山田市还保存着一把算盘，它的匣盖里面有“文安元子年”字样，这个年份是我国明代正统九年（1444年），如果它是这把算盘的制作年代，那么算盘早在明代初年就已由中国传到日本，还在吴敬和柯尚迁之前。

把上述的各节总结一下，知道珠算的起源虽在古书里没有明确的记载，但大概的情形不难推测到。《数术记遗》所称的珠算，虽然所用算盘和现今的很接近，但算法一定和今制不同，而且柯尚迁所示的算盘有“初定图式”字样，那时算盘的发明可能还不久，所以近世流行的珠算绝不能认为是起源于六世纪的，因为现传的《谢察微算经》是否是宋人的著作，已难考证，所以我们只能根据元代陶宗仪的譬喻和明代诸家的著作，初步确定珠算起源于十四世纪，在十五、十六世纪开始盛行。

二

下面继续把珠算的各种算法择要记述一下，借此看一看到今古算法的异同和它的演变情形。

关于珠算加减的方法，非常简单，古书所载的和今法没有什么两样。所用的口诀，如程大位的上法歌“一上一，一下五去四，一退九还一十……”，梅瑴成的退法歌“一退一，一上四去五，一退十还九……”，除用字略有出入外，也和今法相同。

关于珠算乘法，凡乘数是一位的，古时称作“因”，杨辉的《算法通变本末》(1274年)中说：

从上位因起，言十过身，言如就身改之。

例如：524×4=2096。算法的次序见图19。

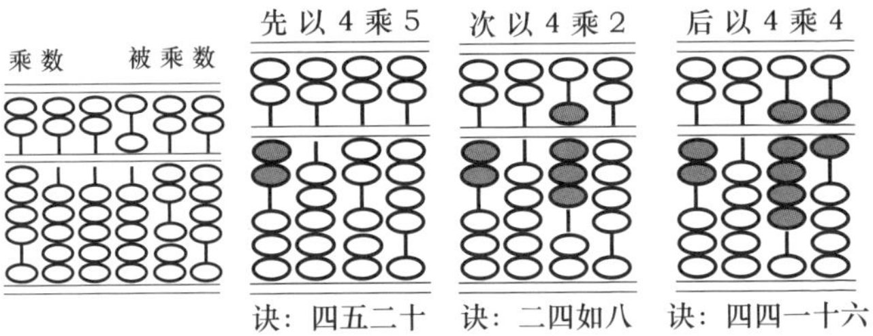

图19

这是从被乘数的首位乘起的，遇到口诀是“几几几十几”的，十位数列在左档，遇到口诀是“几几如几”的，把本档的数改变。但今法略有不同，就是从被乘数的末位乘起，遇到“十”就把本档改变，遇到“如”就列在右档。

凡乘数是二位或多位的乘法叫作“乘”，元朱世杰的《算学启蒙》（1299年）中“留头乘法门”载二十题，开首有歌词一首：

留头乘法别规模，起首先从（乘数）次位呼，言十（放在）靠身、（言）如（放在）隔位，遍临（之后）头位破身铺。

程大位的《算法统宗》里面有一段话，后面也附歌词一首，意义和朱世杰的完全相同：

乘法有数种，曰破头乘，曰掉尾乘，曰隔位乘，曰留头乘，惟留头乘最妙，今用之。歌曰：下乘之法此为真，起首先将（乘数）第二（位）因，三、四、五（各位）来乘遍了，却将本位破其身。

两书所举歌词的意义，看了下面的例子自会明白。

例如：491×894=438954。算法的次序见图20。

《算法统宗》仅有留头乘法的一个例子，其他几个方法的内容，根据后来的珠算书，可以知道它的大概。破头乘法当先以乘数首位乘被乘数的每一位，破该一位的本身，然后依次以乘数的第二、第三位去乘。掉尾乘先以乘数末位乘被乘数的每一位，再依次用前面的各位数乘。以上三种算法都是从被乘数的个位乘起，所得的积数列在右档。隔位乘法的内容在各种珠算书里都没有详细说明，根据推测，这种乘法的计算顺序恰和上述三种相反，就是先用乘数的个位去乘被乘数的首位，把所得积的个位列在左面第一档上，十位列在左面第二档上。继续用乘数的十位去乘被乘数的首位，把所得的积较前递进一位放在算盘上。照这样把乘数的各位都和被乘数的首位乘过以后，就把被乘数的首位拨去。以下按同法顺次以乘数去乘被乘数的第二位、第三位，等等。

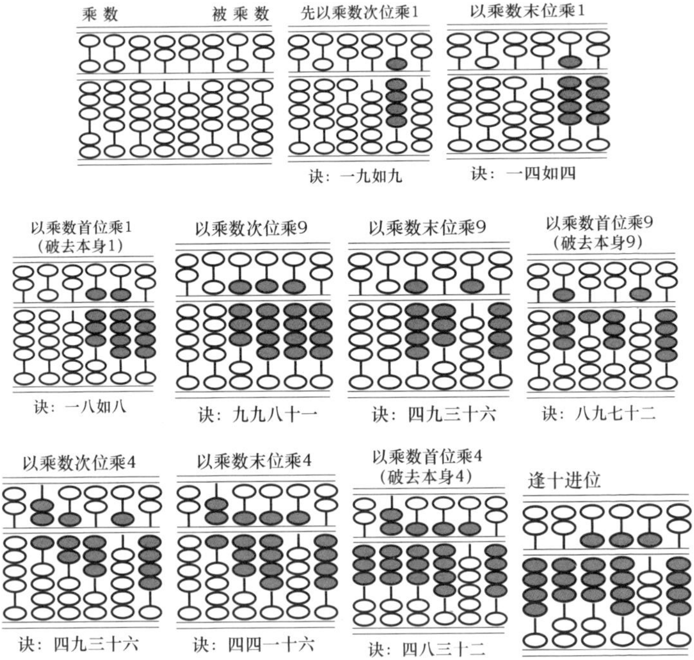
乘数
被乘数
先以乘数次位乘1
诀：一九如九
以乘数末位乘1
诀：一四如四
以乘数首位乘1
（破去本身1）
诀：一八如八
以乘数次位乘9
诀：九九八十一
以乘数末位乘9
诀：四九三十六
以乘数首位乘9
（破去本身9）
诀：八九七十二
以乘数次位乘4
诀：四九三十六
以乘数末位乘4
诀：四四一十六
以乘数首位乘4
（破去本身4）
诀：四八三十二
逢十进位

图20

古称一位除数的除法叫“归”，完全应用“九归口诀”，这些口诀也和现在流行的一样，不过用字稍有不同罢了。它的算法在元代贾亨的书中用如下的“归法歌”叙述出来：

九归之法乃分（到）平（均），凑数从来有现成，数若有多（即满除数）归作十（即商在前档），归如不到（即不满除数）答添行（即商在本档）。后来明代吴敬的书中也有类似的歌词。

例如：7716÷6=1286。算法的次序见图21。

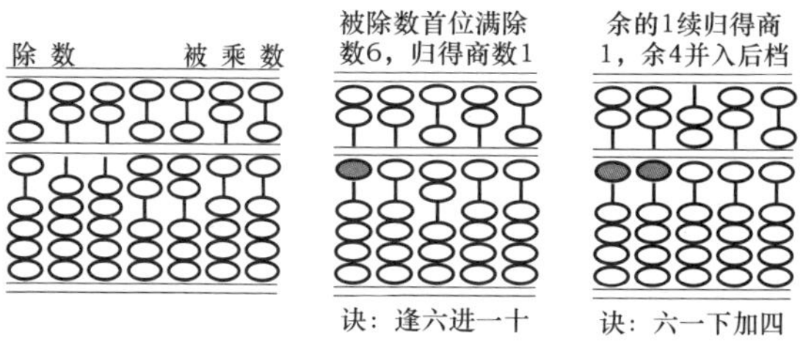
除数
被乘数
被除数首位满除数6，归得商数1
诀：逢六进一十
余的1续归得商1，余4并入后档
诀：六一下加四

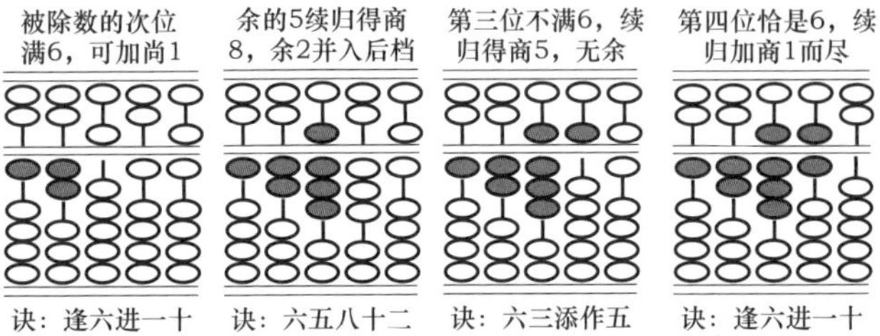
被除数的次位满6，可加尚1
余的5续归得商8，余2并入后档
第三位不满6，续归得商5，无余
第四位恰是6，续归加商1而尽
诀：逢六进一十
诀：六五八十二
诀：六三添作五
诀：逢六进一十

图21

二位或多位除数的除法叫“归除”，除数第一位用归法口诀，以下各位仍用商除。贾亨和吴敬都有歌词，叫作“归除歌”，两者只有几个字不同，下面举示吴敬的一首：

惟有归除法更奇，将身归了次除之（即减之），有归（即满除数）若是无除数（即不够减），起一（即减商一）还将原数施（即后档列数和除数同），或遇本归归不得（即被除数和除数相较，首位同而次位少），撞归之法莫教迟（即用撞归口诀），若人识得中间意，算学虽深可尽知。

撞归和起一的口诀，始见于贾亨的书中，但从朱世杰《算学启蒙》里的歌词，也可以看到它的算法：

实少法多（即被除数首位小于除数首位）从法归，实多满法进前居（即用普通归除商在前档），常存除数专心记，法实相停（即相等）九十余（即商9，余数和除数同），但遇无除还头位（即减商一，后档列数和除数同），然（后）将释九数（即九九口诀）呼除（即减），流传故泄真消息，求一（一种简除法）穿韬（或称穿除，就是飞归法，参阅下节）总不如。

例如：365516÷46=7946。算法的次序见图22。

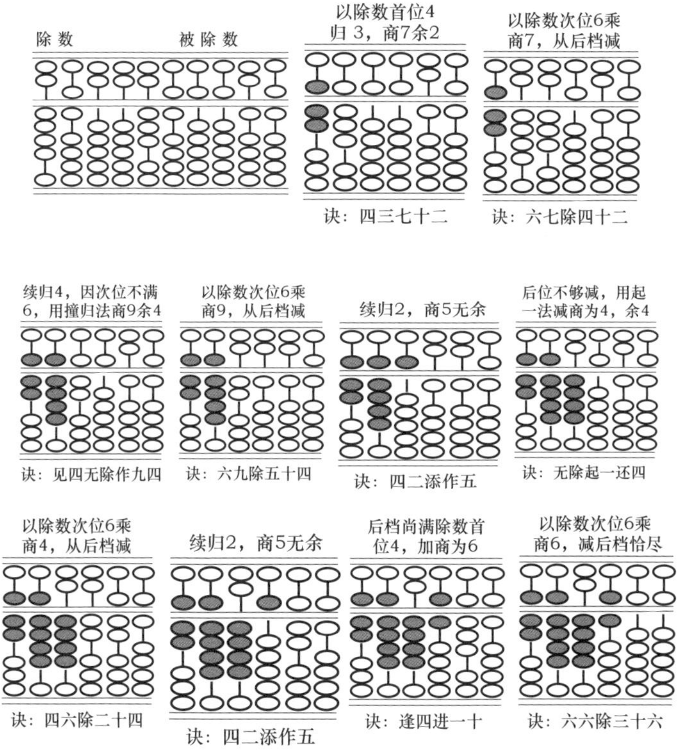
除数
被除数
以除数首位4
归3，商7余2
诀：四三七十二
以除数次位6乘
商7，从后档减
诀：六七除四十二
续归4，因次位不满
6，用撞归法商9余4
诀：见四无除作九四
以除数次位6乘
商9，从后档减
诀：六九除五十四
续归2，商5无余
诀：四二添作五
后位不够减，用起
一法减商为4，余4
诀：无除起一还四
以除数次位6乘
商4，从后档减
诀：四六除二十四
续归2，商5无余
诀：四二添作五
后档尚满除数首
位4，加商为6
诀：逢四进一十
以除数次位6乘
商6，减后档恰尽
诀：六六除三十六
图22

从上举归法和归除法两例，知道古制和今法基本相同。

四

古代有许多关于乘除的速算方法，最初应用于筹算，后来珠算发明，就移用到珠算上面去。

乘法速算在《夏侯阳算经》中有“加乘”“减乘”“重乘”三种，宋代杨辉书中除载上面的三法外，又增“求一乘”“以除代乘”“身前乘”“用诀乘”四法。元朱世杰和明程大位的书里各载着上述七法中的一部分。

朱世杰的《算学启蒙》中称加乘法为“身外加法”，歌词如下：

算中加法最堪夸，言十之时就位加（即积数的十位数加在本档），但遇呼如身下列（即积数的个位数加在后档），君从法式定无差。

例如：274×16=4384。算法的次序见图23。

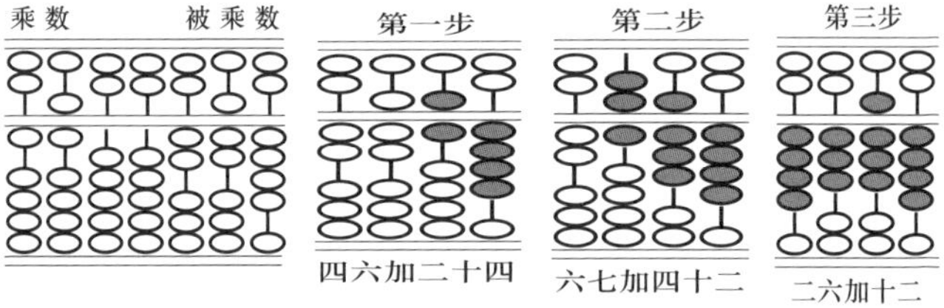

图23

上法可特称“身外加六”法，第一步被乘数末位四不变，以乘数次位六乘得积数二十四，这积的十位二加于本档四上，个位四加于后档，可见这是比普通乘法省用“一四如四”的口诀，同时省去移四于后档，反把二、四各提前一档来迁就。第二、三两步也是一样。凡乘数首位是一的都可以用这个方法。

在杨辉的书里称上例为“加一位”，另有乘数是112的例子叫“加二位”，乘数是247的分解为13×19，连用前法二次，叫“重加”，乘数是106的叫“隔位加”，乘数是23的可先身外加三，然后再加本身的数，叫“连身加”，总称“加法五术”。

减乘法限用于乘数首位是9的，原理和笔算的38×92=38（100−8）=38×100−38×8=3800−304=3496相同，古书特称本例为“隔位损八”法。重乘如58×42=58×6×7，化一次乘为两次因。求一乘如234×2=468，改乘数使首位为一，然后用加乘法。以除代乘如348×25=34800÷4等。身前乘的乘数末位限于是1的，和加乘法类似，但顺序相反，就是把乘数十位乘被乘数某位所得积数的个位数加在本档，十位数加在左档。用诀乘如237×23=237×（100−77）=237×100−237×77……需另立口诀，算法并不简捷。

除法速算在《夏侯阳算经》中有“减除”“重除”两种，杨辉增“求一除”“以乘代除”“穿除”三法。朱世杰、程大位的书里在上举五法中也略备一二种。

朱世杰称减除法为“身外减法”，有如下的歌词：

减法根源必要知，即同求一一般推，呼如身下须当减，言十从身本位除。

例如：4788÷14=342。算法叫“身外减四”，见图24。

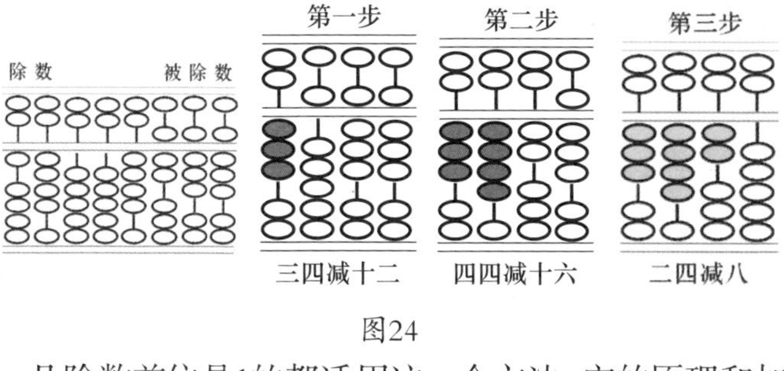

图24

凡除数首位是1的都适用这一个方法。它的原理和加乘法相类似，省用“逢几进几”的口诀，不把商数进到左档，而直接就本档的数中认定一部分是商数，和除数次位相乘，再行减去。

杨辉称上例为“减一位”，另有“减二位”“重减”“减隔位”，共称“减法四术”，从前述加法五术的说明可以类推。

至于重除、求一除和以乘代除的方法，和前述的重乘、求一乘和以除代乘类似，这里不再叙述。

穿除又名“飞归”，或称“混然除法”，其实是把两位除数的归除问题，仿照归法另立口诀，归后不再兼用商除的一种简法。因为这个方法限用于两位除数的问题，而且每种除数须专立一组口诀，不容易记忆，所以用起来不很便利。但是如果在专业上必须常用某一除数，那么就可以制成一套专用的口诀，也能使算法简捷。关于飞归的口诀和用法，可参考珠算专书，这里不再记述了。

珠算的杂法除掉乘除速算以外，另有一种斤两法，本节所述四种数学书中都有。最初遇斤求两的问题，因为一斤等于十六两，所以用身外加六法，两求斤的问题用身外减六法；后来又分别立了一套专用的口诀。现今改成一斤等于十两，这种算法就用不到了。

五

珠算开方的算法，最初见于明程大位的《算法统宗》，清梅瑴成又增分段的方法，于是和新法笔算几乎完全一样。现在把开平方和开立方分别举一个例子。

【例】 求207936的平方根得456。为求记载便利，计算的步骤不再用算盘图式表示，另用每一阿拉伯数码来代替一档算珠，如下式：

第一步：

由初商实（即首段）定初商，又以同数为下法。

初商	初商实			下法
4	2 0	7 9	3 6	4

第二步：

初商乘下法，从初商实内减去，所余的接第二段为次商实。

初商		次商实		下法
4	4	7 9	3 6	4

第三步:

倍下法为廉法。

初商		次商实		廉法
4	4	7 9	3 6	8

第四步:

以廉法除次商实，定次商，又以同数列于廉法的后档为隅法。

初商	次商		次商实		廉法	隅法
4	5	4	7 9	3 6	8	5

第五步:

次商乘廉隅法，从次商实内减去，所余的接第三段为三商实。

初商	次商	三商实		廉法	隅法
4	5	5 4	3 6	8	5

第六步:

倍隅法，和初时的廉法合成新的廉法。

初商	次商		三商实				廉法	
4	5	⋮	5	4	⋮	3	6	⋮	9	0

第七步:

以新廉法除三商实，定三商，又以同数列子廉法后档为隅法。

初商	次商	三商		三商实				廉法	隅法
4	5	6	⋮	5 4	⋮	3 6	⋮	9 0	6

第八步:

三商乘廉隅法，从三商实内减去，如果不尽，可用同法续开。

初商	次商	三商		实已尽	廉隅法退
4	5	6	⋮		

【例二】 求1953125的立方根得125。

第一步:

由初商实（即首段）定初商。

初商	初商实		
1	1	953	125

第二步:

求初商的立方数，从初商实减，所余接第二段为次商实，又初商平方三百倍为方法，初商三十倍为泛廉。

初商	次商实		方法　泛廉
1	953	125	300　30

第三步:

以方法除次商实，定次商，又次商乘泛廉为廉法，又次商自乘为隅法。

初商　次商	次商实		方法　廉法　隅法
1　2	953	125	300　60　4

第四步:

方法、廉法、隅法并成一数为方廉隅共法。

初商	次商	次商实		方廉隅共法
1	2	953	125	364

第五步：

以次商乘方廉隅共法，从次商实减，所余接第三段为三商实。又以初次共商自乘三百倍为方法，共商三十倍为泛廉。

初商	次商	三商实		方法	泛廉
1	2	225	125	43200	360

第六步：

仿第三步，定三商，得廉法和隅法。

初商	次商	三商	三商实		方法	廉法	隅法
1	2	5	225	125	43200	1800	25

第七步：

仿第四步，得方廉隅共法。

初商	次商	三商	三商实		方廉隅共法
1	2	5	225	125	45025

第八步：

以三商乘方廉隅共法，从三商实减，如果不尽，可用同法续开。

初商	次商	三商	实已尽	法退去
1	2	5		

开方不尽的，用带分数来表示方根的近似值，见前面“古代的筹算”。

策算的过去和未来

古代筹算所用的筹，虽有各种不同形状，但都是用来直接表数的。后世改良而造算盘，不过使用比筹灵便，至于算珠的作用，仍和算筹一样。我们用这两种算器来计算加减，固然便捷，但对乘除或开方，还觉得太繁。在清代初期，我国又盛行一种特别的筹算，它是把乘法的九九口诀写在筹上的。用这样的筹来计算乘除或开平方，就变得非常简捷。因为这样的筹不再用来直接表数，和古代的筹不同，所以现在依据清代戴震的书，把它改称作“策”，而把这种用策的算法称作“策算”。

策算在形式上和笔算很有些类似，大概是从阿拉伯笔算中的“铺地锦法”演变而成的。铺地锦法在十三、十四世纪流行于阿拉伯和欧洲。十五世纪中吴敬所著的《九章算法比类大全》里也载这种算法，称作“写算”，它就是在明初（1385年）由阿拉伯人传来的算法中的一种。在十六世纪后期，《盘珠算法》（1573年）又称这种算法为铺地锦；程大位的《算法统宗》里也说明写算就是铺地锦，书中还有歌词：“写算铺地锦为奇，不用算盘数可知。”

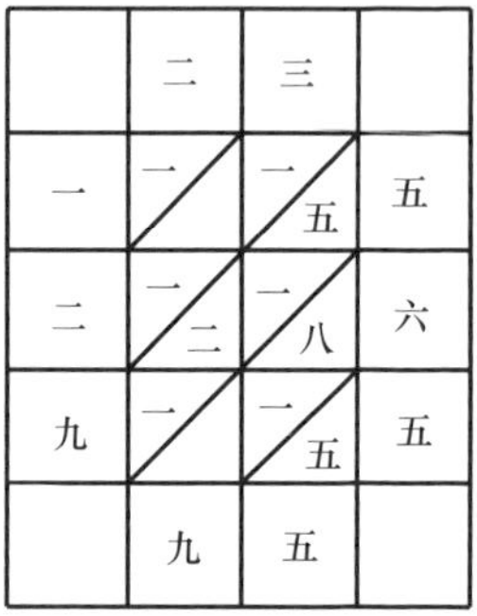

图25

从印度算书和《算法统宗》，知道写算不用器具，把数字写在纸上来做计算，和现今的笔算类似。例如，以二十三乘五百六十五，可用如图25的“因乘图”来解。其中上列的二、三是乘数的各位，右行的五、六、五是被乘数的各位，中间斜分为二部分的六格，列各位相乘的部分积，左行连下列的一、二、九、九、五就是从部分积加得的总积数。

我们如果把写算中的各部分积写在筹上，这些筹就是上述的策。用几根策拼在一起，以代写算的因乘图，从而可计算乘除和开平方，这就是策算。

说到策算的起源，根据清梅文鼎的《筹算》（1678年）一书，知道它就是西洋的讷白尔筹，是在明末传入中国的。

现在根据戴震的《策算》（1744年）一书，把策算介绍一下。

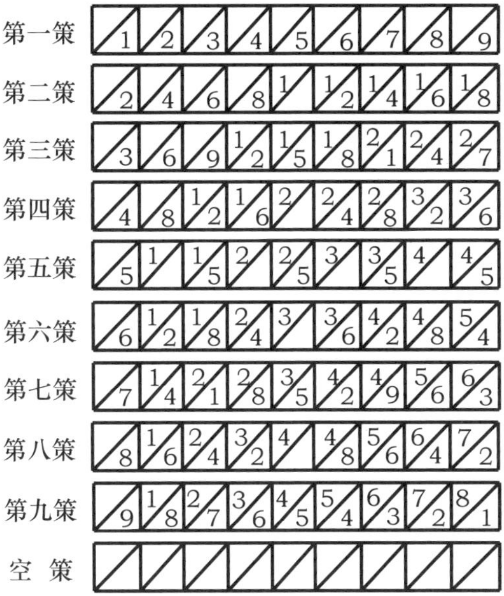

图26

我们从这书的序文和所绘策的图式，知道策是用竹或木制成的，形状扁平像尺。计算乘除所用的，每五根成一副，每根的两面各分九格，每格又斜分为二，在右上的叫作上位，左下的叫作下位，格内都写数字。策上所写的字有九种式样，第一策写从一到九的九个数，第二策所写的顺次是第一策中各数的二倍，第三策到第九策依此类推。每格里的十位数字写在上位，个位数字写在下位。第一和第九两策合写在一根策的两面，第二和第八、第三和第七、第四和第六也是一样。又第五策的另一面仅分格而没有数字，叫作“空策”。这样五根策成一副，需制十副左右备用。原书的图式用中文数字自右写到左，现在为便利起见，用阿拉伯数码代替，并把左右各对调，如图26所示。

计算开平方的问题时，除用上举的各策外，又需另外制一根“平方策”，式样和前面的各策相同，但只有一面写字，所写的是从1到81的九个连续平方数，如图27。

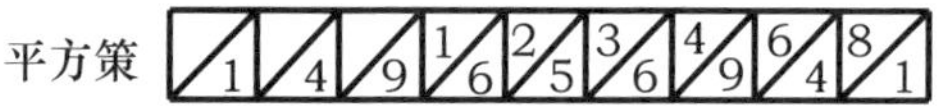

图27

以上十一种形式的策，依戴震的《策算》，每一方格都是斜分为二的，由此读出部分积来，不很方便。在梅文鼎的《筹算》一书中，另有“两半圆合一位”的方法，就是每一方格内不用一斜划，而代以上下两个相切的半圆，其中上面的一个半圆是上位，下面的一个半圆是下位。这种式样的策，比较清楚醒目，容易读出部分积来。[1]

有了上举十一种形式的策，在计算时可以选取适当的几根，拼在一起，读出其中某某几行的数，用加法可解乘法的问题，用减法可解除法或开平方的问题。至于开立方的问题，戴震的书里没有提到，梅文鼎的《筹算》中虽曾论及，但因算法太繁，本文不做介绍。

1. 初期从西洋传入的讷白尔筹，大概是适应于西洋横行计算的纵式筹，后来梅文鼎和戴震把它改成横式，是为了符合他们的纵行计算的缘故。在现今北京的故宫博物馆里，这种纵式和横式的筹，每个方格内用一斜划和两半圆的都有。

二

怎样用策计算乘法，看了下面的例子就会明白。

【例一】 求以48乘372的积。

依照被乘数的三位数字3、7、2，顺次取第三、第七、第二共三根策自上而下紧靠排列，同时在上方记明“行”的次序一到九，如图28。

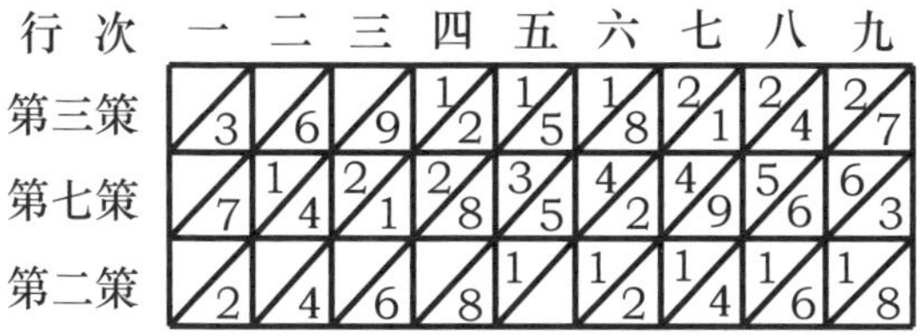

图28

因为乘数的首位是4，就把第四行的数记下来，得1488（上策下位和下策上位的二数并作一位数，如第二位数4是由第三策下位的2和第七策上位的2合并而得的）。又因乘数次位是8，再把第八行的数记下来，得2976，退一位和前记的数相加，得答数17856，如下式：

$$\begin{array}{r} 1488 \\ +\quad 2976 \\ \hline 17856 \end{array}$$

这个方法的原理，实际非常简单。只要把笔算乘法写成了下列的三个步骤，同它来比较一下就可以明了：

$$\begin{array}{r} 372 \\ \times\quad 4 \\ \hline 8 \\ 28 \\ 12 \\ \hline 1488 \end{array}\qquad \begin{array}{r} 372 \\ \times\quad 8 \\ \hline 16 \\ 56 \\ 24 \\ \hline 2976 \end{array}\qquad \begin{array}{r} 372 \\ \times\quad 48 \\ \hline 2976 \\ 1488 \\ \hline 17856 \end{array}$$

照这样看来，策算和普通笔算不同的地方，是把乘法口诀写在策上，算时不必暗念口诀，从策面的数可立即读出用乘数各位所乘得的部分积，然后加起来就得。

假使被乘数和乘数的位数很多，用了这一方法确实非常简便。倘再用算盘来辅助做加法，那就更觉便利了。

有时遇上策下位和下策上位相加所得的和满10，就要进1到前一位。参阅下例：

【例二】 求以8734乘29579的积。

列五策如图29，顺次记第八、第七、第三、第四诸行的数，递退一位相加，得答数是258342986。

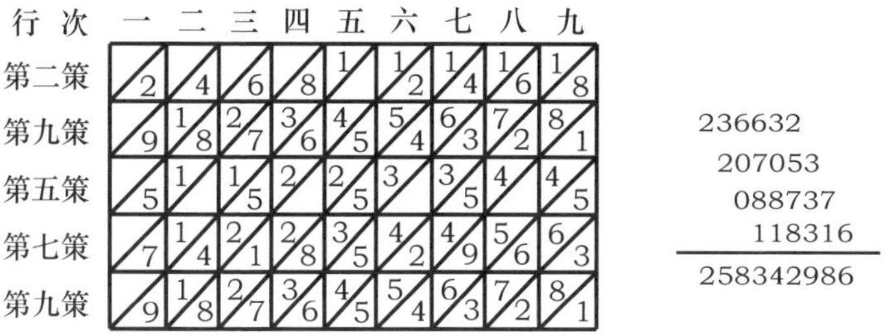

图29

如遇被乘数各位中有0，当用空策；乘数有0，加时多退一位。

【例三】 求以7308乘4096的积。

依下式可求得答数是29933568。

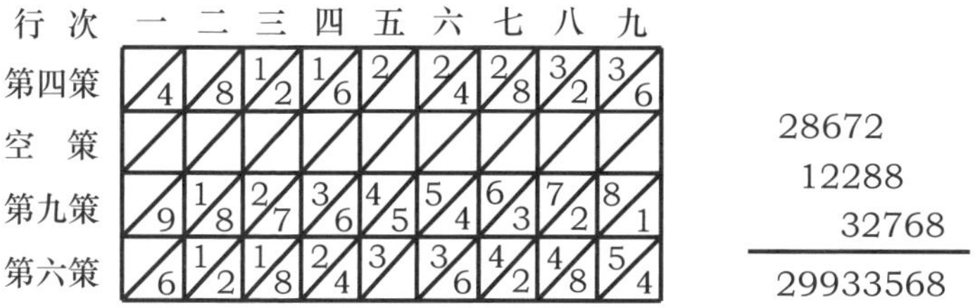

图30

三

除法是乘法的还原，知道了策算的乘法，只需把步骤倒过来，除法的计算就不难推测而知了。这里为求易于明了起见，把上节的例二和例三来做还原的计算，如下例。

【例一】 求以29579除258342986的商。

列策如图29的式样，检得第八行的数236632小于被除数的开首六位数字，而且是最相近的，于是从被除数内减去，由行次八知商的首位是8。用同法取策中第七、第三、第四诸行的数连续退一位减，恰尽。所以得所求的商是8734。

```
258342986
236632 ············ 第八行的数
―――――――――
 21710986
 207053 ········· 第七行的数
―――――――――
  1005686
  088737········· 第三行的数
―――――――――
   118316
   118316 ······ 第四行的数
―――――――――
        0
```

【例二】 求以4096除29933568的商。

列策如图30的式样，取第七、第三两行的数，连续从被除数内减去，得商的首二位是73。余下的32768比前数退后二位，所以知道商的第三位是0。再减去第八行的数而尽，知道商的第四位是8，所求的商是7308。

29933568
28672 ………… 第七行的数
1261568
12288 ………… 第三行的数
32768
32768 ……… 第八行的数
0

除不尽的问题可商小数，算法仍是一样。

【例三】 求以368除4574的商到小数三位。

04574
0368 第一行的数
0894
0736 第二行的数
158

图31

先从图31和它右边的算式求得整商是12，余数是158。再从右式求商的小数，得0.429，余0.128，所以得答案：12.429……

158.000
147.2 …………… 第四行的数
10.800
07.36 …………… 第二行的数
3.440
3.312 ………… 第九行的数
.128

四

用策算开平方，更比普通笔算简捷得多，看下例自明。

【例一】 求55175184的平方根。

把已知数记在纸上，或列于算盘，从个位起向左每二位分作一段。

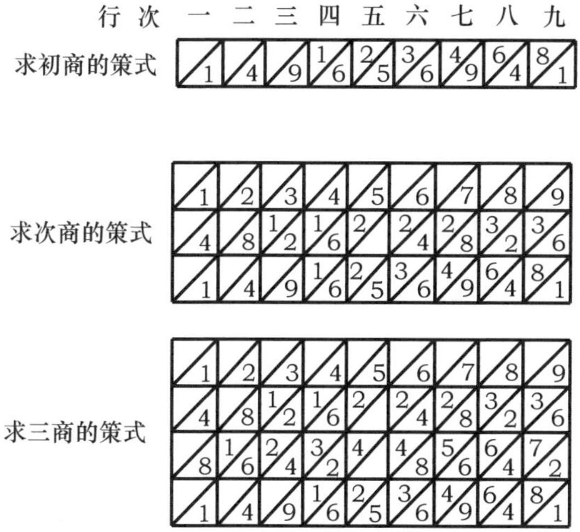

求四商的策式

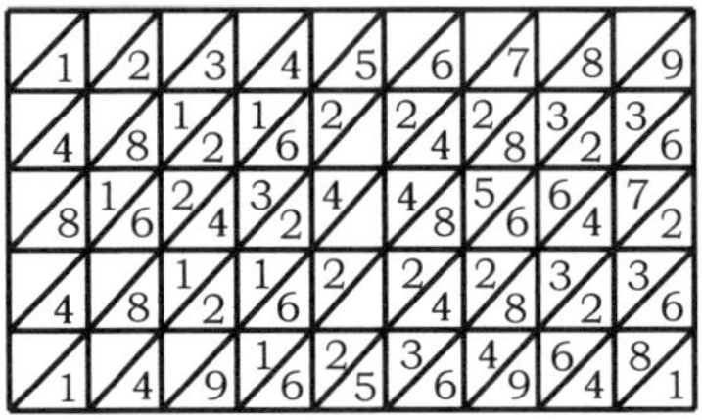

图32

另取平方策，上写行次（如图32），检得第七行的49比第一段55略小，就从55内减去，余6，接写第二段17，记所减数的行次7做初商。接着把初商7加倍得14，于是取第一、第四策依次列在平方策的上面，叫作求次商的策式。检得第四行的576比617略小，相减余41，接着写第三段51，记所减数的行次4做次商。再把初次商一起加倍得148，仿上法列求三商的策式。照前法继续开下去，得答数是7428。

55,17,51,84	
49	……求初商的策式中第七行的数
6 17	
5 76	……求次商的策式中第四行的数
41 51	
29 64	……求三商的策式中第二行的数
11 87 84	
11 87 84	……求四商的策式中第八行的数
0	

【例二】 求12988816的平方根。

列策如下页图33，依法求得初、次商36后，余2，接着写第三段88，再列求三商的策式，检得其中各行的数都大于

288，于是知道三商是0。接着写第四段后，求四商得4，所以得答案是3604。

```
  12,98,88,16
   9  ······························ 求初商的策式中第三行的数
 ─────────
   3 98
   3 96 ························· 求次商的策式中第六行的数
 ─────────
      2 88 16
      2 88 16 ·················· 求四商的策式中第四行的数
 ─────────
            0
```

开平方不尽时续开小数，算法可从上例类推，例题从略。

五

用策算来计算乘除和开平方，非但计算迅速和准确，而且不用任何口诀，定位也极容易，效果比珠算更高，可是，由于当时社会的习惯势力强大，对新事物非常歧视，而且生产力停滞不前，对计算工作的效率的提高看得无足轻重，所以策算只是被少数爱好数学的人当作玩赏，而在工商业上没有得到广泛应用。

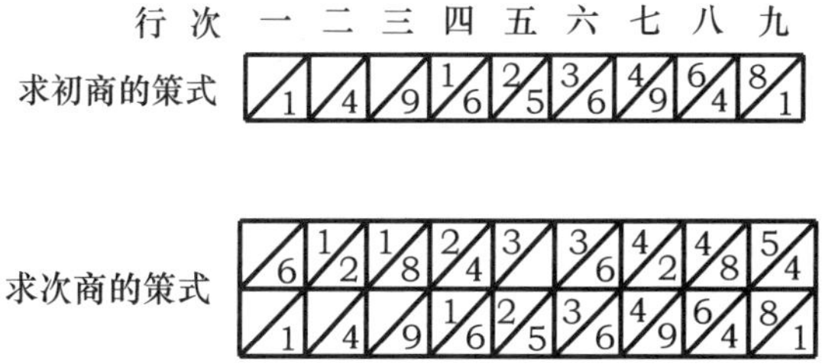

求三商的策式

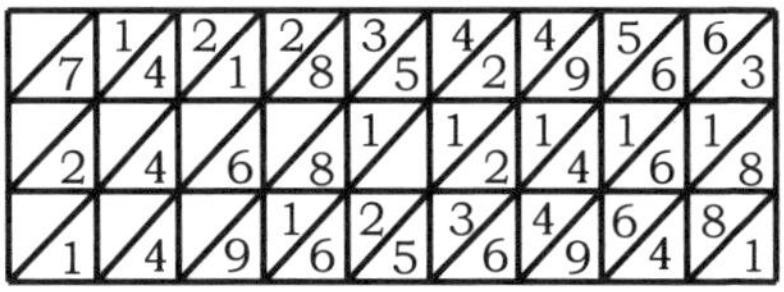

求四商的策式

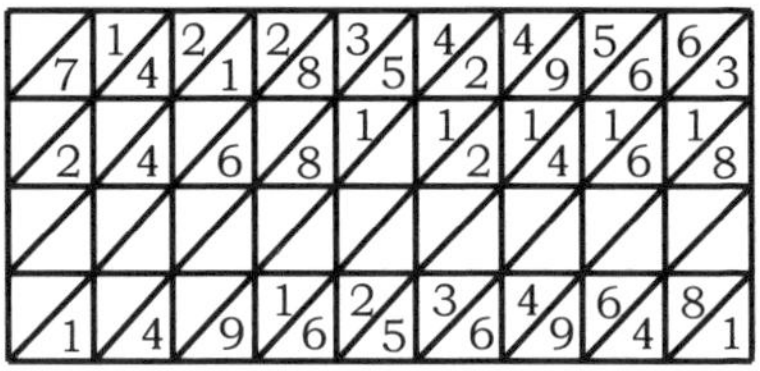

图33

解放以来，我国建立了社会主义的生产关系，生产力已在蓬勃发展，为了提高计算的工作效率，这一种算法的重新提倡和推广，变得非常需要。

在本书初版本里介绍策算乘法时，曾经说到“再用算盘来辅助做加法，更觉便当”，现在国内有不少人正在提倡推行策算和珠算联合使用的算法，并研究把工具改进。另有《筹珠联合使用法》（余介石著，1957年财政经济出版社出版）《大众速成珠算》（华印椿著，1954年立信会计图书社出版）等书，也介绍了“珠筹合算”，从许多人总结经验的报告，知道这一算法的效果确实是相当大的，值得提倡推广。可以预期，这一算法将随工具的改进而发挥它的作用。这一篇题名为“策算的过去和未来”，就是这个意思。

六

上面各节经排版完成后，得悉这种计算工具在许多人精心设计的基础上，又经无锡缫丝二厂赵蔼士做了重要的革新，使它成为极容易推广的一种新算器。这种算器名叫“速算尺”，这里特地补写一节，把它扼要地给读者做介绍。

速算尺的主要特点是：它仿照对数计算尺，用几根“滑尺”放在“定尺”中间做短距离的抽动，再从定尺面上读出纵槽里露出的所需的几个数，把它们加、减，用来代替乘、除。每一根滑尺上面列数九节，开首一节（在左端）是从1到9的九个数字，右面各节是从第一策到第九策上除掉第一行以外的各行的数（但不用斜线，两个数字上下相对着写），如第二节是顺次各策中第二行的数，第三节是各策中第三行的数，其余依此类推（如图34）。这样的滑尺要用五、六根，上下并列着，插在定尺中间。各滑尺上从第二节起的数字分红、黑两种颜色，第一根（在顶上）、第三根、第五根的上数用黑色，下数用红色，第二根、第四根、第六根的上数用红色，下数用黑色。定尺的面上有薄板，板上开八条纵槽，每相邻二槽间的距离等于滑尺上每一节数的长度。用这样的工具来计算乘、除，非常简便。例如计算738×542，只需按照被乘数的各位数，抽出滑尺，使第一滑尺首节的7，第二滑尺首节的3，第三滑尺首节的8，分别在定尺的左端露出（如图35），接着就根据乘数的各位数，依次读出纵槽5里的部分积3690（要把上下相连的同颜色的二数合并成一数），纵槽4里的部分积2952，纵槽2里的部分积1476，把它们递退一位相加，就得所求的积是499996。

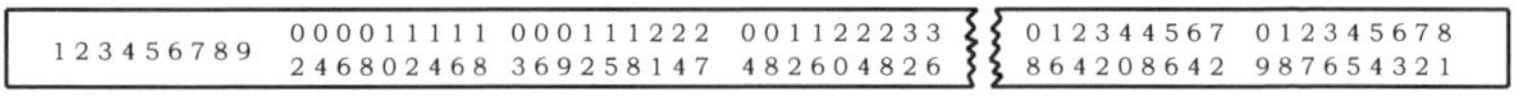

图34

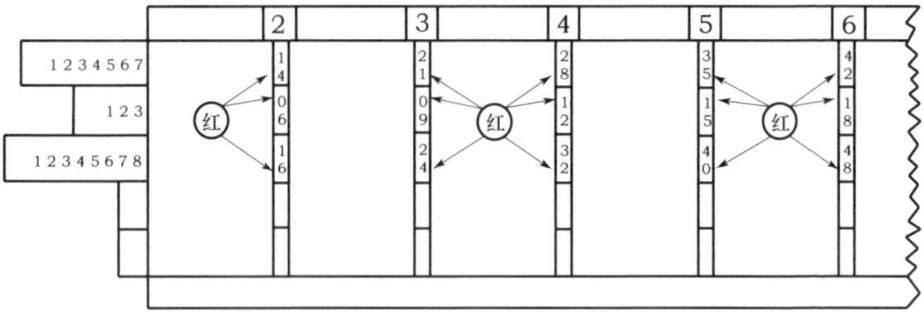

图35

速算尺不但可算乘、除和乘方，也可以用来开平方。只要在最下面一根滑尺的反面附一根“半平方策”（把前举平方策中各数分别折半而成），把它翻转身来使用，就可以依法开平方。这个方法就是《筹珠联合使用法》中的开平方新法，它和前面第四节里所讲的方法相仿，不同的仅仅是不把逐次求得的部分根加倍，而是一开始就把被开方数折半。

为了避免用笔或算盘辅助做加、减，再在定尺背面开十多条竖沟，沟内各嵌进一根竖尺，每根竖尺的正面由上而下写从0到9的十个数字。这样的每一根竖尺可以代替算盘的一档算珠。向上抽出某一竖尺，使它面上的某数在定尺上边露出，就表示某位上是某数。利用竖尺做加、减，方法和珠算相仿。

速算尺的优点很多，如（1）不用乘、除口诀，可在很短时间内学会；（2）计算速度比较快；（3）构造简单，容易制作（试用可取厚纸板自制）；（4）携带和使用都很方便，对于在室外或做流动性工作的人（如农业生产队会计员等）尤其便利。同时，也还存在着一些缺点，如计算速度还不够理想，以及读数时要用心算把二数合并成一数，遇到连续进位就容易错误等，这些都有待继续改进。尽管如此，这工具无疑仍是比较优越的一种，经征集广大群众通过实践提出的改进意见，由集体智慧来使它得到进一步提高以后，就可以开始定型，用塑料生产，全面推广使用了。

实用算术的发达

一

数学的发展是由于人类的实际需要，这是从历史中的种种事实可以确定的。所以人类最初对于数学的研究，只限于实用方面。我国最古老的算书《周髀算经》和《九章算术》等所载的算法，就都是测天、量地、交易、运输、工程、赋税等的实际应用。

《周髀算经》大约是公元前一世纪的著作，主要内容仅仅是勾股测量，应用于天文方面。《九章算术》内容比较丰富，近世算术中的各种方法几乎全部都有，并且还有代数中的多元一次方程组的问题。要知道中国实用算术发达的情形，必须先谈一谈这一本书的渊源。

过去有人说，《九章算术》是黄帝命隶首所作。隶首可能是后人为追念祖先的功绩而编造的一个象征性的人物，这种说法大概是不可靠的。但是在《周礼》一书中谈到周官保氏教民六艺，六艺的最后一种叫作“九数”。周代的教育制度，以算数为必修学科。东汉郑玄解释周官保氏所教的九数是“方田”“粟米”“差分”“少广”“商功”“均输”“方程”“赢不足”“旁要”，又说今有“重差”“夕桀”“勾股”。后来有人以为周官所教九数的书籍就是《九章算术》，但那时的书早已失传，确否无从断定。

现在流传的《九章算术》是魏国刘徽所注解的，它的序文中有这样的话：自从秦始皇焚书坑儒以后，《九章算术》大部散坏，汉代张苍、耿寿昌都擅长算数，因旧文残缺不全，分别加以删补。又现传《九章算术》中九数的名称，和郑玄所释的略有不同，而且田制、爵名、地名、税法等都是秦、汉制度。从上述各点，可见《九章算术》一书，在秦、汉以前一定早已有了，但秦代烧坏后由张、耿删补，刘徽注解，面目一定和前大不相同了。

刘徽注《九章算术》共分九个篇目，计有问题二百四十六。第一章“方田”，述分数计算和求面积法；第二章“粟米”，述单比例；第三章“衰分”，述配分比例；第四章“少广”，述开平方和开立方；第五章“商功”，述体积的求法；第六章“均输”，述整数、分数四则和比例；第七章“盈不足”，述盈亏算法和它的应用；第八章“方程”，述正负数算法和多元一次方程组解法；第九章“勾股”，述勾股弦和它们的和差的互求、勾股容方圆、相似勾股形比例等；

另附重差术一卷，述三角测量。[1]全书是依实用的种类分章的，所以在一章里面往往有几种性质不同的算法。

在两晋、南北朝的时候，又有许多新的著作，现在所流传的，有《孙子算经》、《张丘建算经》、《夏侯阳算经》、《五曹算经》（约六世纪）、《五经算术》（同前）等。各书除载《九章算术》旧法外，也有新的发明。就算术的实用范围来说，到这时候大致已很完备了。

我们把上举各书中的算法归纳一下，除掉《周髀算经》里的各法，《九章算术》里的方程、勾股、重差，《孙子算经》里的“物不知数”，《张丘建算经》里的“百鸡”和“等差级数”等属于代数、几何方面的算法，不在本书范围之内，又《九章算术》的开方和盈不足分别另外介绍以外，本篇里面把整数四则计算、分数四则、最大公约数、比例、求积的五种算法，来做一番简略的叙述。

综观上举各书所列的问题，虽有一部分仅得近似的答数，或偶有误解的地方，但一般在实用上都有相当的价值。如《孙子算经》，就有“物不知数”（即西洋数学史上所称的“中国剩余定理的应用”、“度影量竿”（即利用相似形比例的测量术）、“雉兔同笼”（即混合问题算法）等《九章算

1. 这一卷重差术是刘徽所著的，从唐代起，它的单行本称作《海岛算经》。

术》所未备的算法。可见我们的祖先在辛勤劳动中，在跟自然斗争中，创造、保存和发展了前人的智慧，留下了丰富的文化遗产，我们今天应该珍惜这些遗产，同时更应该加强文化科学知识的学习，使我们能进一步地认识自然、改造自然，来丰富人类的生活，来为人类谋取更大的幸福。

二

关于整数四则的应用问题，在日常生活中上用得最多的都是极简单的计算，这里不预备细讲。现在单把和新法算术类似的几个特殊问题来介绍一下。古书里的解法，往往非常奇特，别具匠心。读者不妨用新的方法来和它比较，也许可以得到启发。

（一）雉兔问题　今有雉兔同笼，上有35头，下有94足。问：雉兔各多少？答：雉23，兔12。（见《孙子算经》）

原书的解法，可译成算式：

$$94\div2-35=12\text{（兔数）}$$

$$35-12=23\text{（雉数）}$$

它的原理，可设想雉兔各砍去足的半数，这时雉每头1足，兔每头2足，即雉的头足数相等，兔的头足数差1，现在头足数共差12，所以有兔12头。

新法求兔数的算式是

$$(94-35\times2)\div2=12$$

用分配定律就得旧法的算式，不同的地方就在于旧法设想足砍去半数。

（二）行程问题　今有凫从南海起飞，7日可到北海；雁从北海起飞，9日可到南海。今凫雁同时起飞，问：经几日相遇？答：$3\frac{15}{16}$日。（见《九章算术》）

原书解法是：$7\times9\div(7+9)=3\frac{15}{16}$

新法宜用分数解，就是：$1\div\left(\frac{1}{7}+\frac{1}{9}\right)$

经过对照，它的道理自然明白。

（三）差数问题　今有木不知长短，用绳去量，绳长4尺5寸；把绳对折去量，绳短1尺。问：木长多少？答：65寸。（见《孙子算经》）

解法是：　$(45+10)\times2-45=65$

和新法没有两样。

（四）倍数问题　今有甲、乙携钱各不知数目，如果乙给甲10钱，那么甲比乙所多的是乙余钱的5倍；如果甲给乙10钱，那么二人的钱数恰相等。问：甲乙原有钱各多少？答：甲38，乙18。（见《张丘建算经》）

原书解法是：

$$10\times4\div5\times7\div2+10=38$$（甲钱）

$$10\times4\div5\times7\div2-10=18$$（乙钱）

但今法比较简单，算式是：

$$10\times4\div5+10=18$$（乙钱）

$$10\times4\div5+10\times3=38$$（甲钱）

（五）空心方阵问题　今有正方城，周围20里（古法1里＝1800尺，所以20里即36000尺），现在要沿城的外边，在每长、阔各3尺的一方块地面内插鹿角[1]一枚，共插5层。问：用鹿角多少？答：60100枚。（见《张丘建算经》，但原书未指定正方城，在长方城也是一样。）

原书解法是：

$$36000\div3\times5+(5\times3)^2\div3^2\times4=60100$$

这解法的原理，是先求正方城四面的四个矩形内的总数（图36中用·表示的）。再求四角的四个正方形内的总数（图36中用◦表示的），两数相加就得。它跟现今算术中先求实心方阵的总数，再减去中空正方形内的数，算法是不同的。

1. 这里的“鹿角”是指古时军队里的防御工具，它用形如鹿角的有很多桠杈的大树枝，把各枝梢削尖后插在交通要道或营寨和城垣的外面，以作阻挡敌人前进的障碍物。

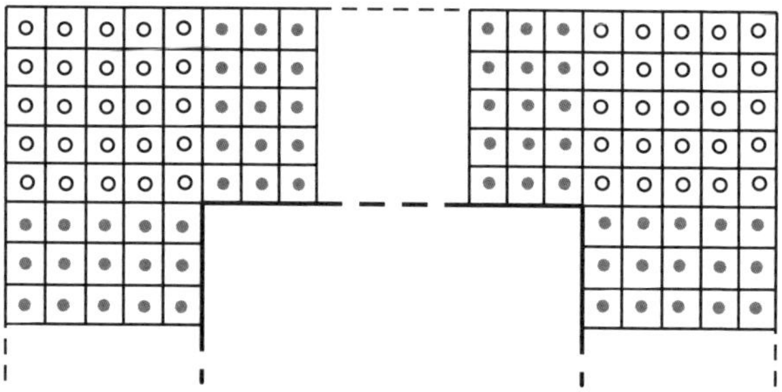

图36

我们从下面的简图（图中只画了两个转角上的一小部分），来把上述的解法研究一下。先算出正方城每边的尺数是36000÷4，再计算每面的一个矩形长边的鹿角枚数是36000÷4÷3。因为每个矩形的短边是5枚，而四面共有四个矩形，所以四面的总数共是36000÷4÷3×5×4；但原书解法把它省略作36000÷3×5。这一省略非但可使算法简捷，而且还可适用于长方城，所以这算法是比较优越的。再研究一下四角的四个正方形内总数的算法，知道原书先算出每个正方形边长的尺数是5×3，面积的方尺数是$(5\times3)^2$，再算出每一鹿角所占小方块面积的方尺数是3^2，于是得每个正方形中所含的小方块数，即鹿角的枚数是$(5\times3)^2\div3^2$，四角四个正方形内的总数是$(5\times3)^2\div3^2\times4$。但这一算法是走了弯路的，我们只需由“共插5层”，就能立刻算得四角四个正方形内的总数是$5^2\times4$，这样比较简单。所以本题的解法如果简化而为$36000\div3\times5+5^2\times4=60100$，那就更完善了。

三

古时的分数，因为没有分线的记号，所以在计算上很不方便，只能用整数的算法表示出来，但实际所得的结果仍旧一样，看下例自会明白。

（一）除法问题　今有妇人在河边洗碗，旁人问她为什么用这么多碗？她说家中有客不知道数目，但知每2人合用一菜碗，每3人合用一汤碗，每4人合用一饭碗，共享碗65只。问：有客多少？答：60人。（见《张丘建算经》）

古法可译成算式：

$$65\times2\times3\times4\div(3\times4+4\times2+2\times3)=60$$

和今法：$$65\div\left(\frac{1}{2}+\frac{1}{3}+\frac{1}{4}\right)$$

实际一样。算法中的3×4、4×2、2×3古称2、3、4“互乘”或“维乘”。

（二）剩数问题　今有人持米出三关，过内关时纳税$\frac{1}{7}$，过中关时纳税$\frac{1}{5}$，过外关时纳税$\frac{1}{3}$。出三关后剩米5斗，问：原持米多少？　答：10斗$9\frac{3}{8}$升。　（见《九章算术》）

古法：

$$50\times7\times5\times3\div[(7-1)\times(5-1)\times(3-1)]=109\frac{3}{8}\text{（升）},$$

和今法：

$$50\div\left(1-\frac{1}{7}\right)\div\left(1-\frac{1}{5}\right)\div\left(1-\frac{1}{3}\right)$$

类似。

（三）工程问题　今有三女各绣锦一方，长女7日绣完，次女$8\frac{1}{2}$日绣完，幼女$9\frac{2}{3}$日绣完。今令三女合绣一方，问：几日绣完？答：$2\frac{939}{1256}$日。（见《张丘建算经》）

古法先化$8\frac{1}{2}$为$\frac{17}{2}$，$9\frac{2}{3}$为$\frac{29}{3}$，再列式：

$$7\times17\times29\div(17\times29+2\times29\times7+3\times7\times17)=2\frac{939}{1256}$$

和今法：

$$1\div\left(\frac{1}{7}+\frac{1}{8\frac{1}{2}}+\frac{1}{9\frac{2}{3}}\right)$$

类似。

（四）还原问题　今有铁10斤，一经入炉得7斤。今有铁三经入炉得79斤11两，问：原有铁多少？答：232斤$5\frac{69}{343}$两。（见《张丘建算经》）

古法：

$$79\text{斤}11\text{两}\times10\times10\times10\div7\div7\div7=232\text{斤}5\frac{69}{343}\text{两}$$

和今法：

$$79\text{斤}11\text{两}\div\frac{7}{10}\div\frac{7}{10}\div\frac{7}{10}$$

在实际上是一样的。

(五)归一问题 今有人用车载粟自甲地运至乙地，空车日行70里，重车日行50里，经5日往返3次。问：两地相距多少？答：$48\frac{11}{18}$里。(见《九章算术》)

古法 $5\times70\times50\div[(70+50)\times3]=48\frac{11}{18}$ 和今法 $5\div\left[\left(\frac{1}{70}+\frac{1}{50}\right)\times3\right]$ 类似。

四

古称最大公约数为“等数”，求法用辗转累减，所得相等的结果就是，见前面“古代的筹算”篇。至于最小公倍数的求法，古书中没有记载，所以在分数通分时以各分母的连乘积为公分母，就是虽有公约数也不加简约。关于这一类的应用问题，古书里很少，现在选录三题于下。

（一）今有栈道，绕山一周，计325里。甲、乙、丙三人同时从同地同向绕山而行，甲日行150里，乙日行120里，丙日行90里，问：行几日在原处相会？答：$10\frac{5}{6}$日。（见《张丘建算经》）

古法求150、120、90的等数得30，再列式$325\div30=10\frac{5}{6}$就得。今法先求各人行一周所费的日数，得$\frac{325}{150},\frac{325}{120},\frac{325}{90}$，再求它们的最小公倍数，就是求出各分母的最大公约数30为分母，各分子的最小公倍数325为分子，得$\frac{325}{30}=10\frac{5}{6}$。两者的结果相同。

（二）今有内营周720步，中营周960步，外营周1200步。甲、乙、丙三人值夜，甲行内营，乙行中营，丙行外营，都从南门出发。甲行9步时，乙仅行7步，丙仅行5步。问：各行几周后，可同到南门？答：甲12周，乙7周，丙4周。（见《张丘建算经》）

古法先求得营周720、960、1200的等数240，以240约原数，得3、4、5；再“互乘”得$4\times5=20$,$5\times3=15$,$3\times4=12$，顺次以甲、乙、丙在同时间内所行的步数乘，得$9\times20=180$，$7\times15=105$,$5\times12=60$。最后又求等数得15，约得甲、乙、丙所行的周数是12、7、4。

（三）今有三女，长女6日一归，次女4日一归，幼女3日一归。问：三女同归后经几日再能同归？答：12日。（由《孙子算经》题变通而得）

本题在新法笔算中只需求6、4、3的最小公倍数就得。古时没有最小公倍数的名称，但在《孙子算经》有特别的解法，也可得最小公倍数的值，解法如下：

人别	日数	列一算	维乘	求等	简约	各乘日数
长女	6	1	1×4×3=12	6	12÷6=2	2×6=12
次女	4	1	1×3×6=18		18÷6=3	3×4=12
幼女	3	1	1×6×4=24		24÷6=4	4×3=12

《孙子算经》原题长女5日一归，解法中没有“求等”“简约”两个步骤。现在因为要适用于任何最小公倍数的问题，所以更改一下。

五

关于各种比例的问题，古书里可以说应有尽有。但因没有分门别类，还没有定出“单比例”“复比例”等名称和特殊处理方法，所以解法混杂不清；又因没有新的记号，所以不能列出整齐清楚的算式。这个方法传到印度，称为“三率法”。再由阿拉伯传到欧洲，经改进而用新的记号表示，就成现今的比例。

（一）单比例　今有恶粟1石5斗，碾得粝米7斗。今有恶粟2石，问：可碾粺米多少？答：8斗4升。（见《张丘建算经》）

古率粺米是粝米的$\frac{9}{10}$，所以原有粝米70升合粺米

$$70升\times\frac{9}{10}=63升$$

于是列式：　$63\times200\div150=84$（升）

和今法由：　$150:200=63:x$

所得的结果相同。

（二）复比例　今有人负盐2石，行100里给钱40。今负盐1石7斗$3\frac{1}{3}$升，行80里，问：应给钱多少？答：$27\frac{11}{15}$钱。（见《九章算术》）

列式：$$173\frac{1}{3}\times 80\times 40\div(200\times 100)=27\frac{11}{15},$$

和今法列 $$\left.\begin{matrix}200:173\frac{1}{3}\\100:80\end{matrix}\right\}=40:x$$

所得的结果相同。

（三）连锁比例　今有络丝1斤可换练丝12两，练丝1斤可换青丝1斤12铢。今有青丝1斤，问：可换络丝多少？答：1斤4两$16\frac{16}{33}$铢。（见《九章算术》）

古率：1两=24铢，1斤=384铢，

12两=288铢，1斤12铢=396铢。

列式：$384\times 384\times 384\div(288\times 396)=496\frac{16}{33}$（铢），

就是1斤4两$16\frac{16}{33}$铢。和今法列式

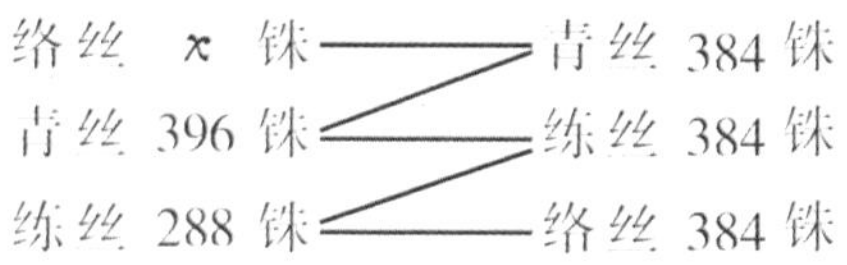

所得的结果相同。

（四）配分比例　今有三鸡共啄粟1001粒，公鸡啄粟倍于

母鸡，母鸡啄粟倍于雏鸡。粟主责令赔偿，问：三鸡主各偿多少？答：公鸡主偿572粒，母鸡主偿286粒，雏鸡主偿143粒。（见《孙子算经》）

设雏鸡啄粟1粒，那么母鸡啄粟2粒，公鸡啄粟4粒。列式

$$1001 \div (1+2+4) \times 1=143$$

$$1001 \div (1+2+4) \times 2=286$$

$$1001 \div (1+2+4) \times 4=572$$

和现今的比例分配法类似。

六

古时论及平面形和立体形的计算的，有《九章算术》《孙子算经》《张丘建算经》《五曹算经》等书。各书所载的方法，大致都和今法相同，仅有弓形、不等边四边形、鼓形、独底球带四种求面积的方法，以及球体的体积的求法未能精确，只是算得一个近似的结果。至于各种平面形和立体的名称，各书偶有不同，现在分别举示，并用新记号列公式于后（图37—60）。

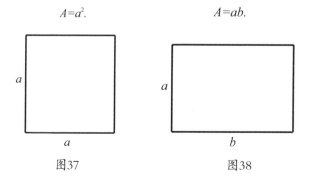

（1）正方形：旧称方田。

$A=a^2.$

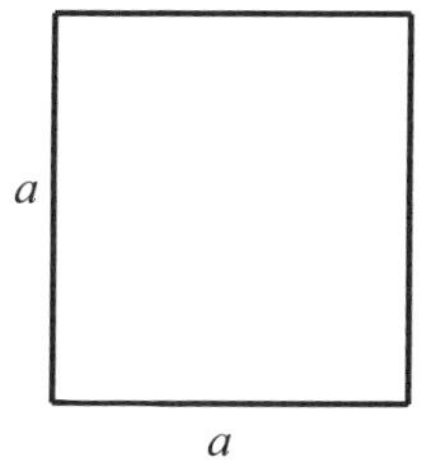

图37

（2）矩形：旧称广田或直田。

$A=ab.$

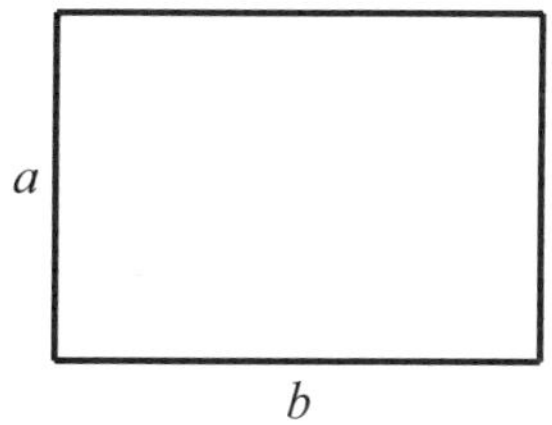

图38

(3) 三角形：旧称圭田。

$$A=\frac{bh}{2}.$$

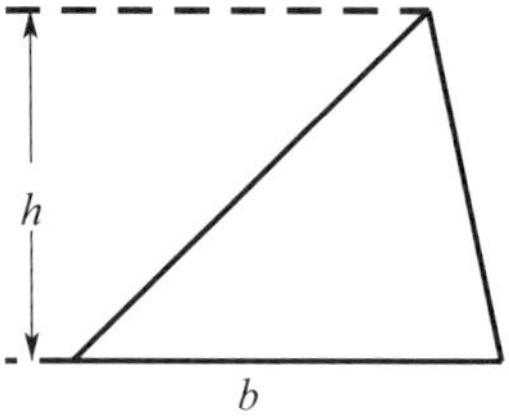

图39

(4) 梯形：就是斜田、箕田或箫田。

$$A=\frac{a+b}{2}\times h$$

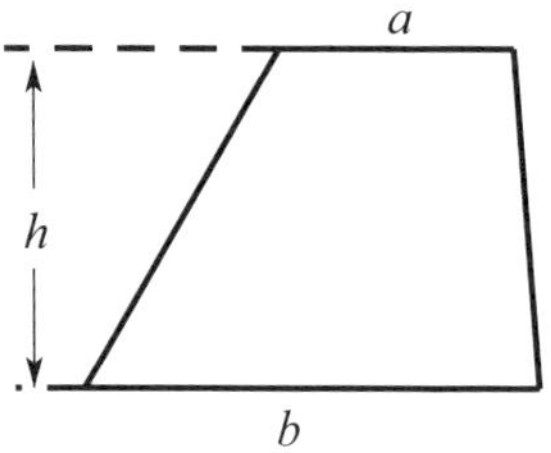

图40

(5) 圆形：就是圆田。

$$A=\frac{PD}{4}=\frac{3D^2}{4}=\frac{P^2}{12}$$

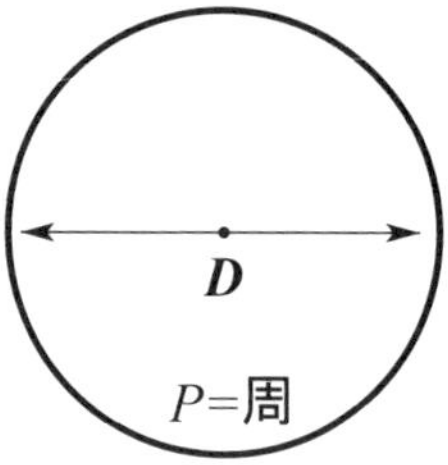

图41

(6) 弓形：就是弓田或弧田。

$$A=\frac{bc+b^2}{2}$$

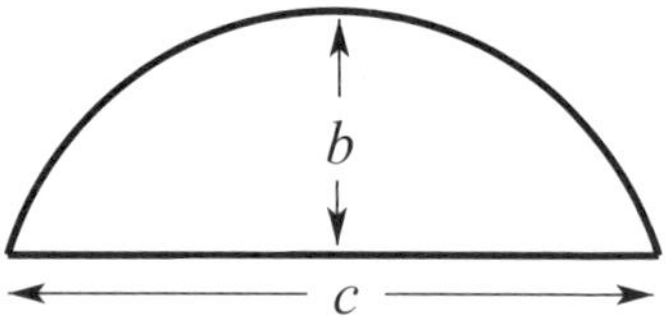

图42

(7) 四边形：旧称四不等田。

$$A=\frac{a+c}{2}\times\frac{b+d}{2}$$

(8) 鼓形：就是鼓田、腰鼓田或蛇田。

$$A=\frac{a+b+c}{3}\times h$$

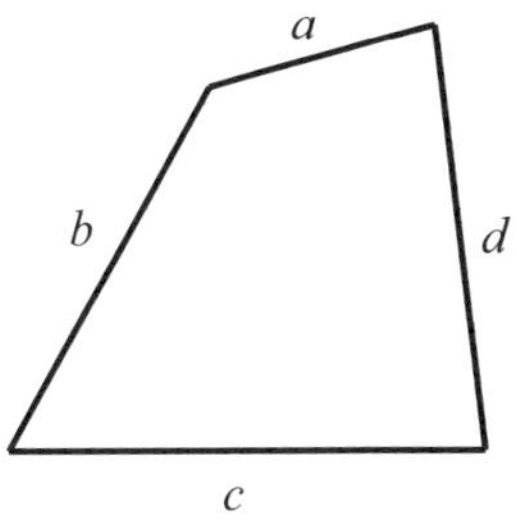

图43

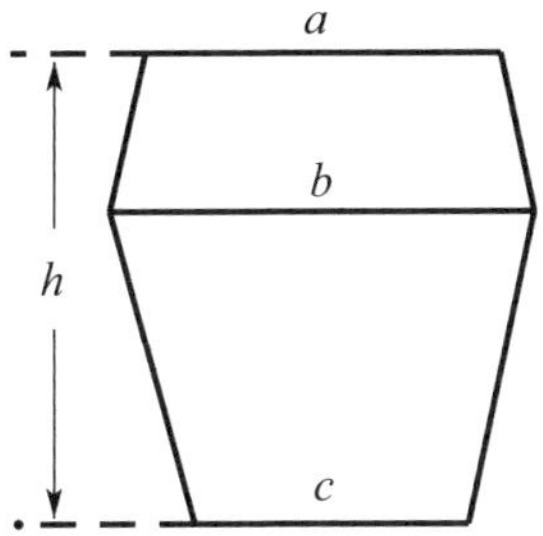

图44

(9)独底球带：旧称宛田、丘田或丸田。(10)正方体：旧称立方。

$$A=\frac{P}{2}\times\frac{D}{2}$$

$$V=a^3$$

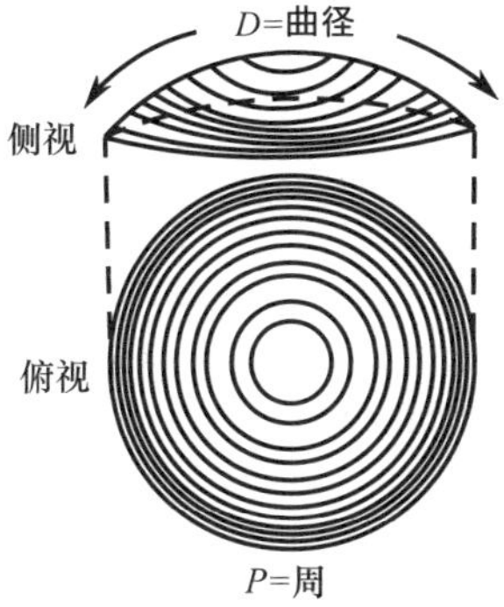

图45

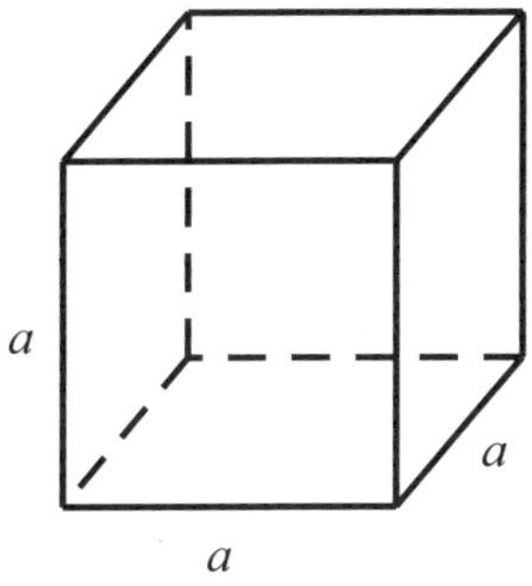

图46

(11)长方体：旧称方堡壔、方窖或仓。

$$V=a\times b\times c$$

(12)梯形直棱柱：旧称城垣、堤、沟、堑、渠等。

$$V=\frac{a+b}{2}\times c\times h$$

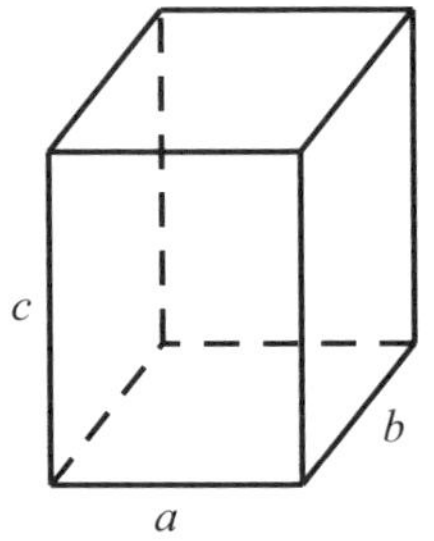

图47

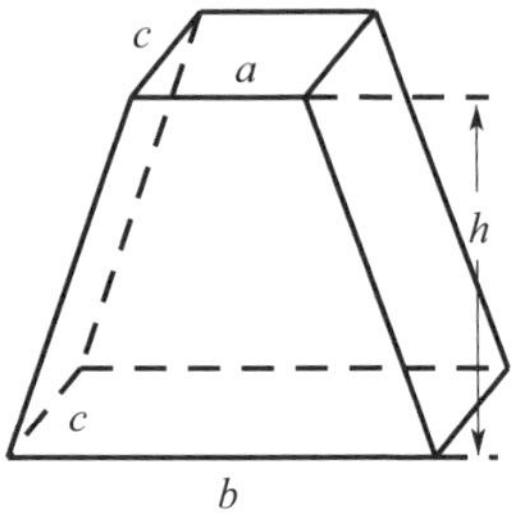

图48

(13) 四棱锥：旧称方锥或阳马。[1]

$$V = a^2 \times \frac{h}{3} \text{ 或 } ab \times \frac{h}{3}$$

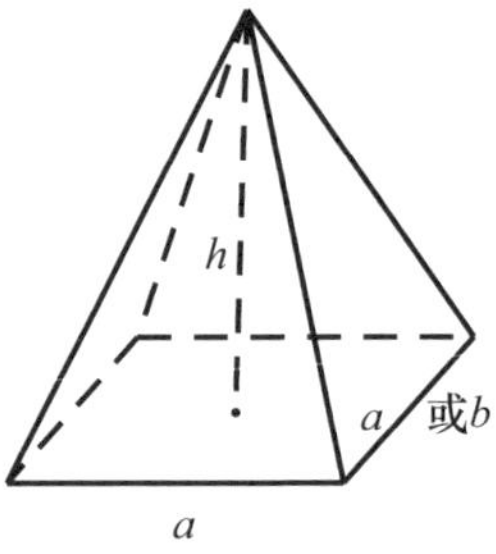

图49

(14) 平截棱锥或正四台：旧称方亭或窖。

$$V = \left(a^2 + ab + b^2\right) \times \frac{h}{3}$$

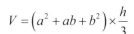

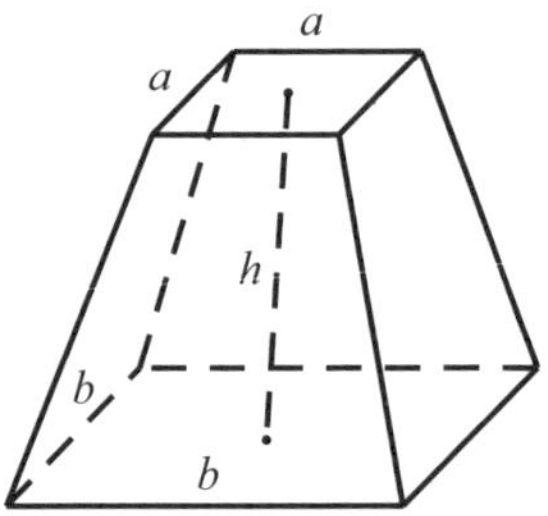

图50

(15) 长方体截体一：旧称堑堵。

$$V = ab \times \frac{h}{2}$$

(16) 长方体截体二：旧称仓。

$$V = ab \times \frac{h_1 + h_2}{2}$$

1. 方锥的高是从顶点到底面中心的线段，阳马的高是一条侧棱。方锥可以看作由四个阳马拼合而成。

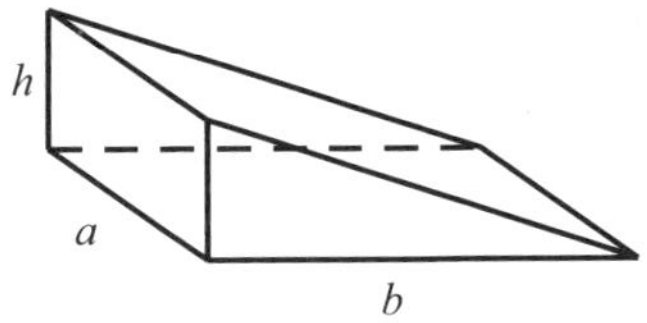

图51

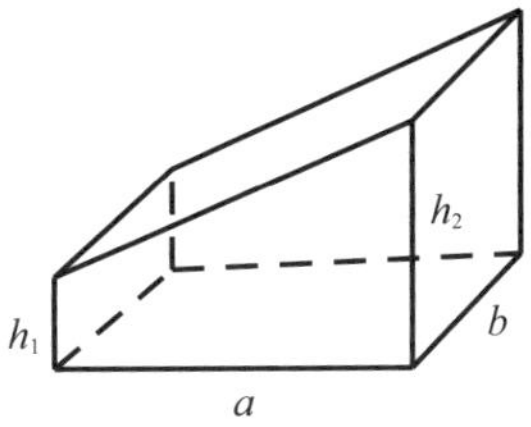

图52

（17）三棱锥：旧称鳖臑。

$$V=\frac{h}{6}\times ab。$$

（18）楔一：旧称刍甍。

$$V=\frac{h}{6}\times d\times(2a+b)$$

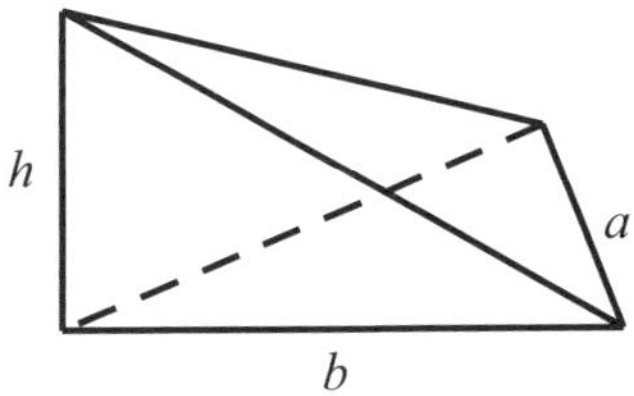

图53

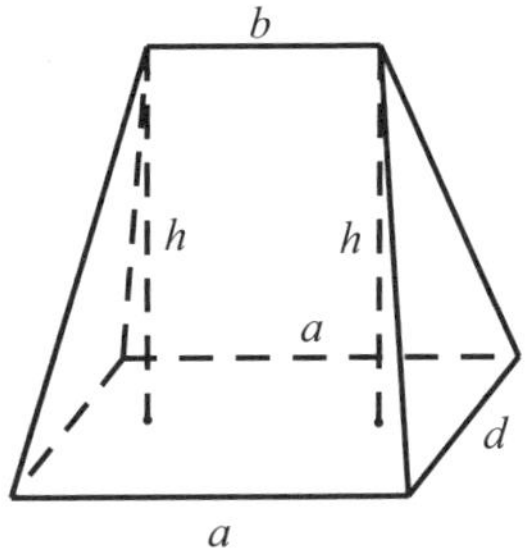

图54

（19）楔二：旧称羡除。

$$V=\frac{h}{6}\times d\times(a+b+c)$$

（20）平截楔或长方棱台：旧称刍童、曲池、盘池、冥谷或窖。

$$V=\frac{h}{6}[(2b+d)a+(2d+b)c]$$

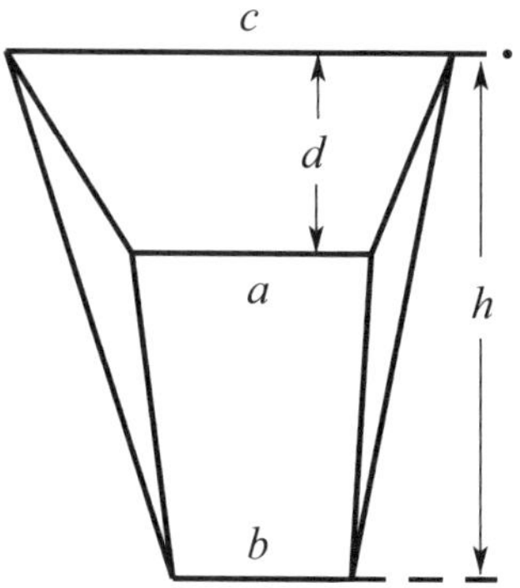

图55

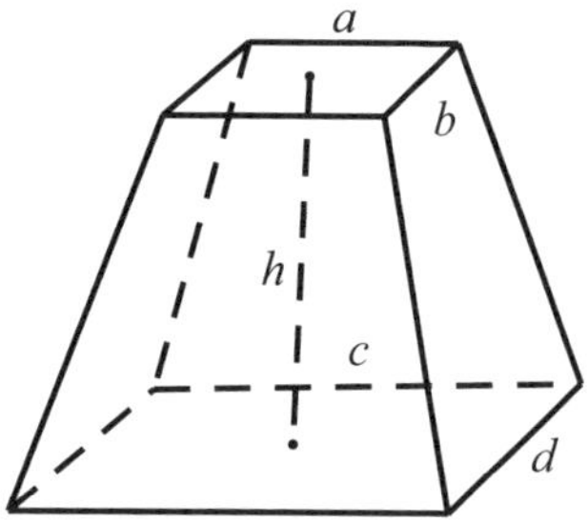

图56

（21）球体：旧称立圆或丸。（22）圆柱：旧称圆堡壔、圆囷、圆窖或圆仓。

$$V=\frac{9}{16}\times D^3$$

$$V=\pi r^2\times h$$

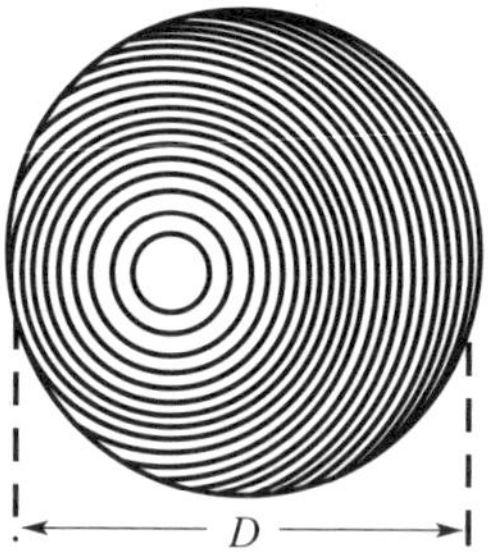

图57

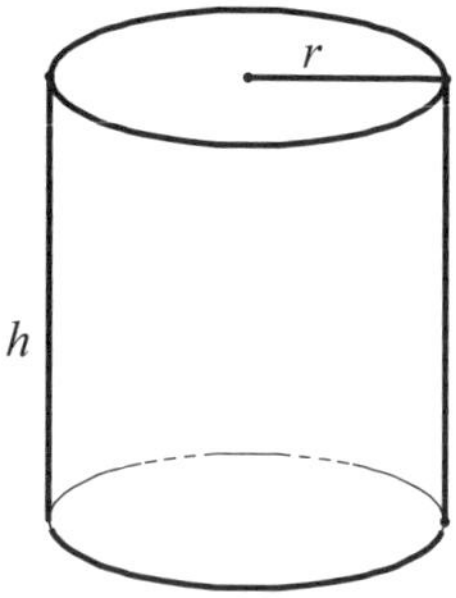

图58

（23）圆锥：旧称聚粟或委粟。（24）平截圆锥：旧称圆亭或圆阖。

$$V=\pi r^2\times\frac{h}{3}$$

$$V=\pi\left(r_a^2+r_b^2+r_ar_b\right)\frac{h}{3}$$

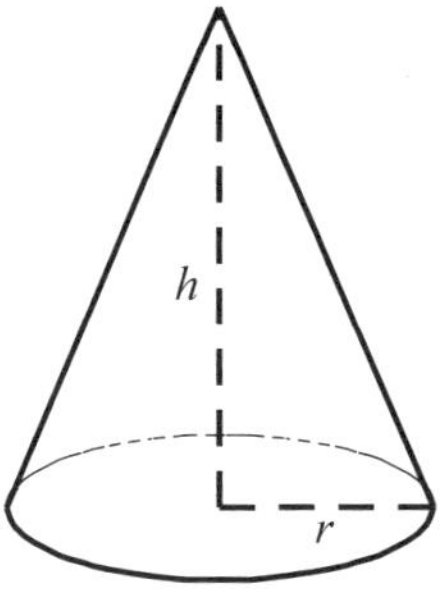

图59

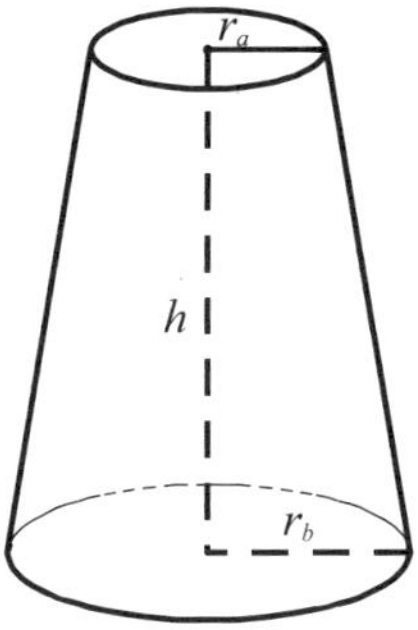

图60

在上举各法中，(5) 圆形面积公式的后二式是以π＝3来计算的，还嫌不够精确；(6) 弓形面积的其他求法，以及 (21) 球体体积的准确公式，另见《中国几何故事》一书；(7) 四边形应作对角线，分别求两个三角形的面积相加；(8) 鼓形应分别求两个梯形的面积相加；(9) 的准确公式见立体几何学中。除此以外的许多公式，都是绝对准确的。

这些求积公式的证明，我们从《九章算术》刘徽的注解中可以看得到。例如《九章算术》求三角形面积的原术是："半'广'（如图61中的b）以乘'正从'（h）。"即 $A=\frac{bh}{2}$。刘徽的注："半广者，以盈补虚，为直田（矩形）也。"很明显，这就是现今所谓"等积变形"的割补法的证明，如图61，通过两腰中点割去两旁的两个小直角三角形，补在上半角的两旁，就成一个底长$\frac{1}{2}b$、高h的矩形。刘徽注又说：“亦可半正从以乘广。”这就是说，按照图62，通过高的中点割去上部的一个相似三角形，把它纵分为二，分别补在下半形的两旁，就成一个底长b、高$\frac{1}{2}h$的矩形。关于直角梯形（斜田），《九章算术》原术是：“并两斜（如图63的a、b）而半之，以乘正从（h）。”就是$A=\frac{a+b}{2}\times h$。刘徽注也说：“并而半之者，以盈补虚也。”这说明按照图63通过斜腰中点割去直角梯形下角的一个小直角三角形，补在上部，就成一个底长$\frac{a+b}{2}$、高h的矩形。一般梯形（箕田）的求面积法，刘徽是以“中分箕田，则为二斜田，故其术相似”来说明的，意义很明显，不必解释了。

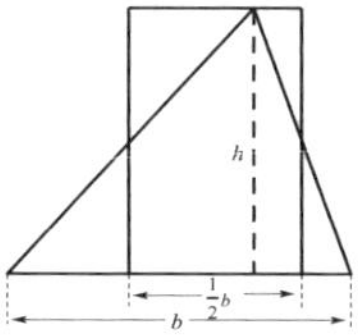

图61

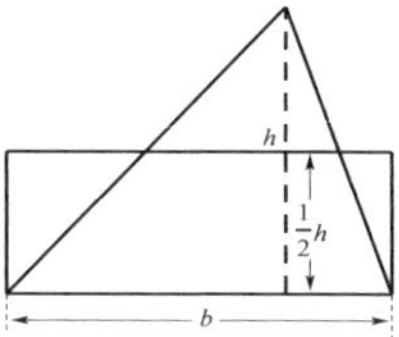

图62

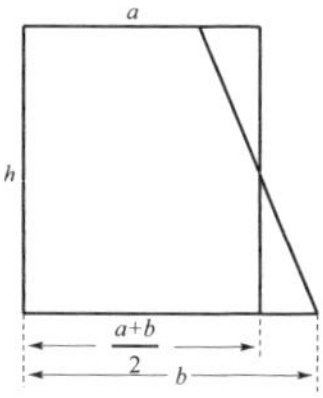

图63

关于几种立体求体积的方法，刘徽的注是利用具体模型，把它们解释为正方体或长方体的某一部分，或者是用几个简单立体拼凑起来而加以证明的。例如，堑堵是斜截一个立方（立方就是正方体，但也包括长方体），就是按照图64，通过它的两条相对的平行棱作截面所得的任何一部分，它的体积等于立方的$\frac{1}{2}$，如图65。再通过堑堵的一个顶点（不是三直三面角的顶点）和底面的一条棱斜截堑堵为二，所得的是一个阳马（如图66）和一个鳖臑（如图67），前者是堑堵的$\frac{2}{3}$，也就是立方的$\frac{1}{3}$，后者是堑堵的$\frac{1}{3}$，也就是立方的$\frac{1}{6}$。刘徽就用立方、堑堵、阳马、鳖臑四种立体模型（每一个都叫作“棋”）作为基础，拼成比较复杂的立体，用来证明这种立体求体积的公式。下面所举的就是这种证法的两个例子：

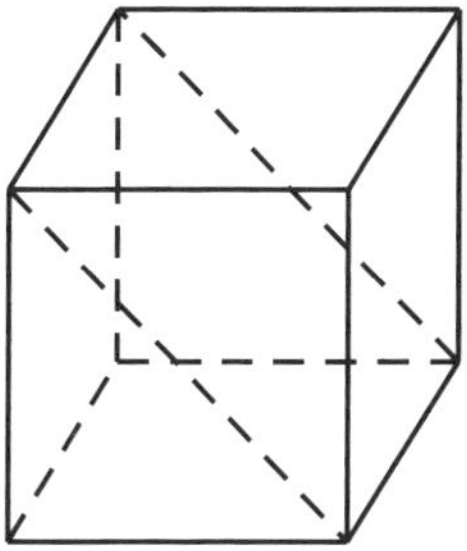

图64

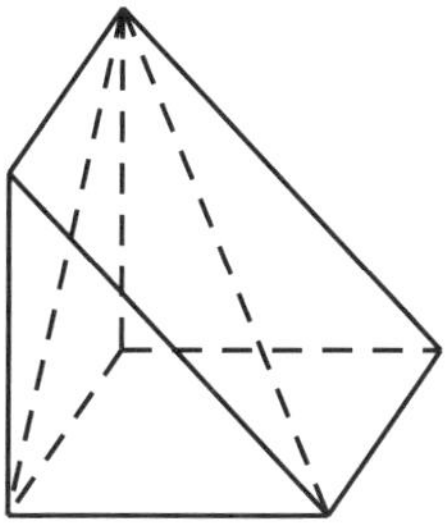

图65

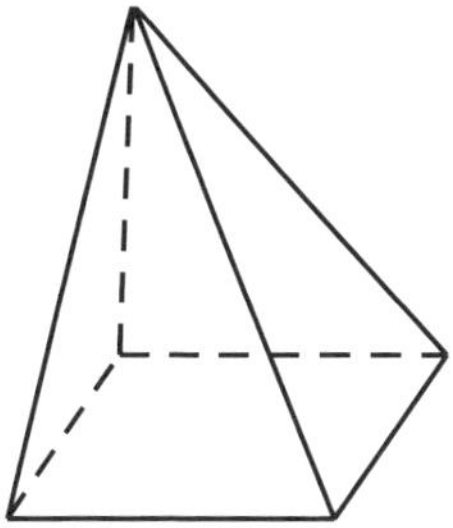

图66

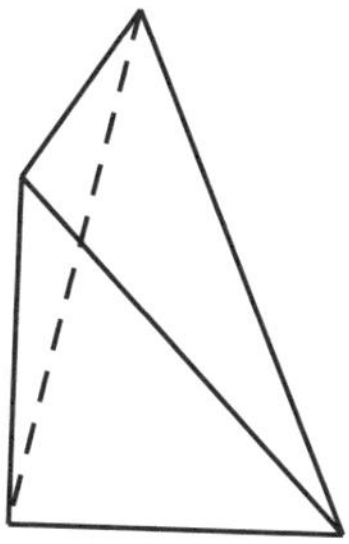

图67

从下面的图68，我们看到，如果一个方亭（就是正四棱台）的上方每边是a，下方每边是b，高是h，那么它可以看作是由1个“中央立方”（a^2h）、4个“四面堑堵”〔$\frac{1}{2}a\left(\frac{b-a}{2}\right)h$〕和4个“四角阳马”〔$\frac{1}{3}\left(\frac{b-a}{2}\right)^2h$〕拼成的。刘徽在他的注文中提到：

a^2h是1个中央立方（如图69）；

abh含有1个中央立方和4个四面堑堵（如图70）；

b^2h含有1个中央立方、8个四面堑堵和12个四角阳马（如图71，四角是4个正四棱柱，每一个的体积应等于方亭的四角阳马的3倍）。

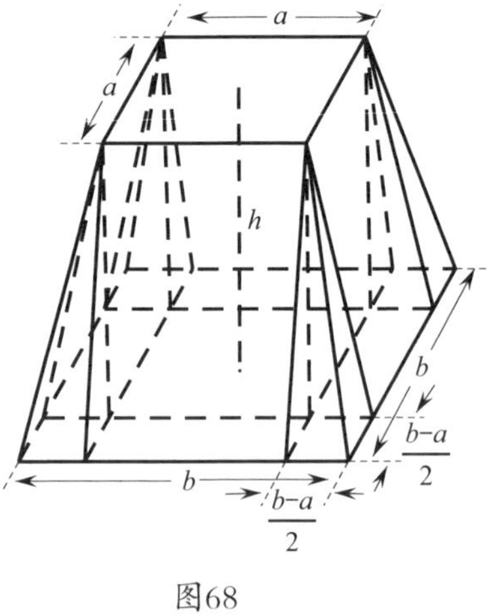

图68

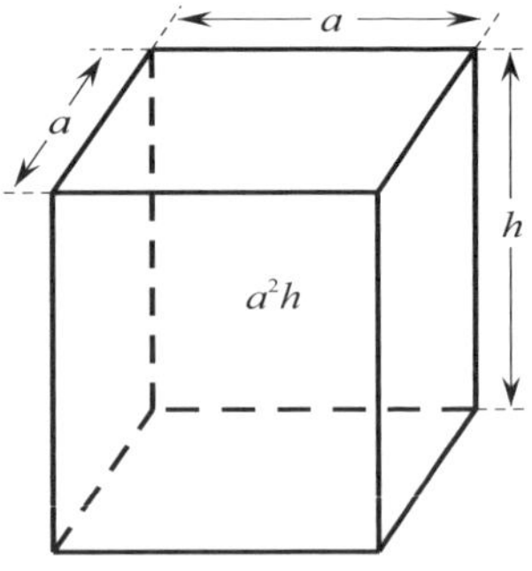

图69

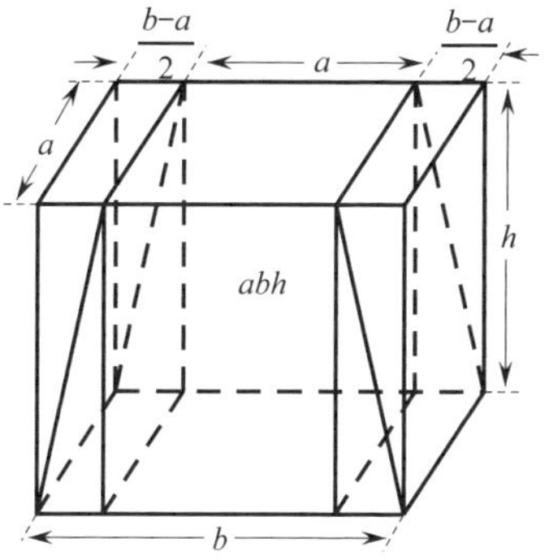

图70

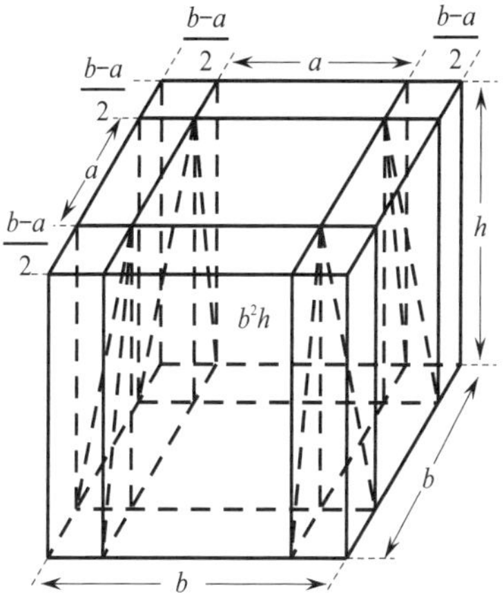

图71

并起来一共是$(a^2+ab+b^2)h$，其中包含27个“棋”，就是3个中央立方，12个四面堑堵，12个四角阳马。但是，这一个方亭包含了9个“棋”（1个中央立方，4个四面堑堵，4个四角阳马），它恰好是$(a^2+ab+b^2)h$的三分之一，所以得到方亭的体积是$V=\left(a^2+ab+b^2\right)\times\frac{h}{3}$。

关于刍童（就是长方棱台），仿照上法，我们从图72可以看到，它是由1个中央立方(abh)、4个四面堑堵——2个左右堑堵〔$\frac{1}{2}a\left(\frac{d-b}{2}\right)h$〕和2个前后堑堵〔$\frac{1}{2}b\left(\frac{c-a}{2}\right)h$〕——和四个四角阳马〔$\frac{1}{3}\left(\frac{d-b}{2}\right)\left(\frac{c-a}{2}\right)h$〕拼成的[1]。由刘徽的注知道：

$(2b+d)ah$含有3个中央立方和4个左右堑堵（图

1. 刘徽原注还需把 b 分成 a 和 $b-a$ 两部分，添作一个截面，这样就有了 2 个立方、6 个堑堵和 4 个阳马，证明比较复杂。因为原理完全一样，所以这里省去这一个截面，而把证法加以简化。

73）；

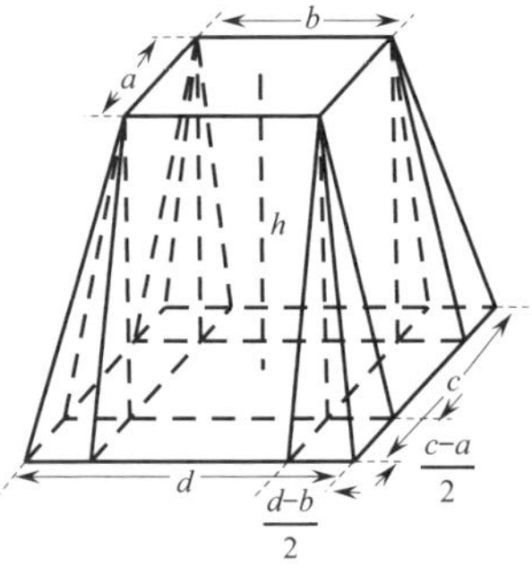

图72

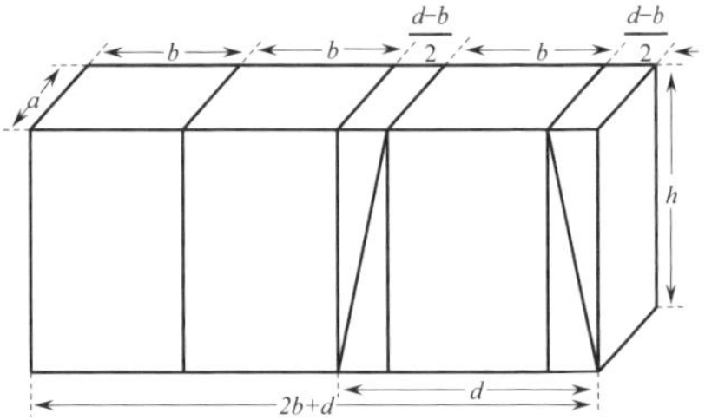

图73

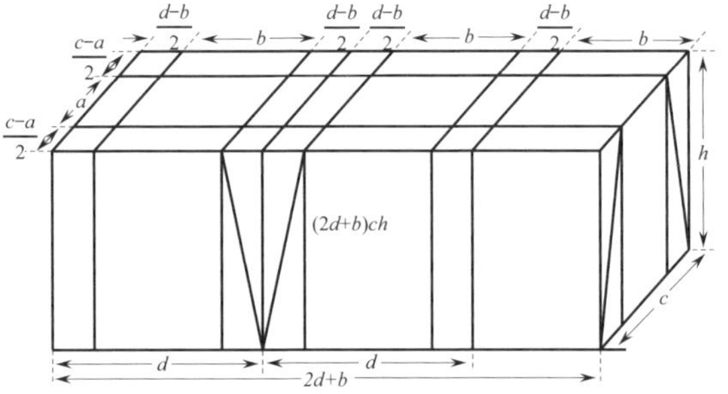

图74

（$2d+b$）ch含有3个中央立方、8个左右壍堵、12个前后壍堵和24个四角阳马（如图74，其中的8个小四棱柱应等于刍童的24个四角阳马）。

并起来一共是〔（$2b+d$）$a+$（$2d+b$）c〕h，其中包含54个“棋”，就是6个中央立方、12个左右壍堵、12个前后壍堵和24个四角阳马，它恰好是刍童所含“棋”的6倍。因此，刍童的体积是 $V=\dfrac{h}{6}[(2b+d)a+(2d+b)c]$。

其他的立体，例如刍甍，刘徽把它看作由两个堑堵和四个阳马拼合而成；羡除是由一个堑堵和四个鳖臑拼合而成。这些都留给读者自己研究，这里不去详细说明了。

刘徽由这些证明，还给部分立体提出了求体积的别法。例如，方亭的体积也可以是 $V=\frac{h}{3}(b-a)^2+abh$，显然式中的第一项是四个四角阳马的总体积，第二项是一个中央立方和四个四面堑堵的总体积。刍童的体积也可以是 $V=\frac{h}{3}(d-b)(c-a)+\frac{h}{2}(ad+bc)$，和前面的一样，式中的第一项是四个阳马的总体积，第二项是一个立方和四个堑堵的总体积。这两个刘徽的新公式是极易用代数方法化成《九章算术》旧有的公式的。

盈亏算法和它的应用

前次谈到九数里有一种名叫“盈不足”的，就是现今算术里的盈亏类问题。在《九章算术》里载有它的两种解法，一种和普通算术书中的完全一样，另一种就略有不同。现在把原书“盈不足”一章里的第一题用另一种解法解答在下面。

今有共买物，人出八盈三，人出七不足四。问：人数、物价各几何？答：七人，物价五十三。

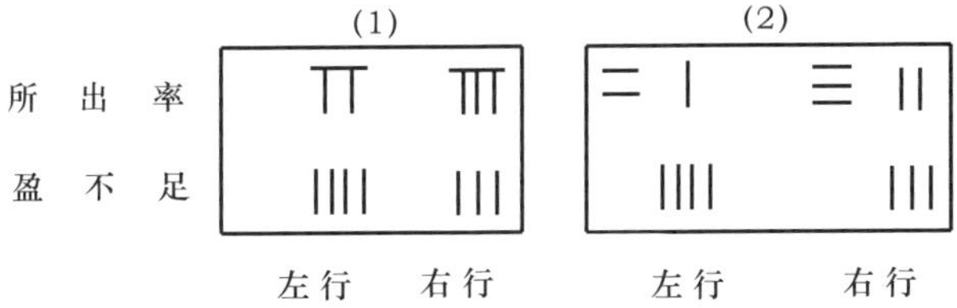

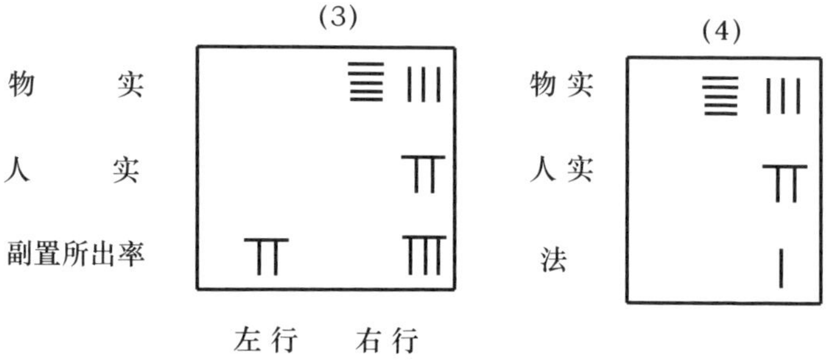

图75

先列两次所出率于上，各以盈、不足列于下，如图75（1）。以盈、不足互乘所出率，得图75（2）。把乘得的两数相并为“物实”，盈、不足相并为“人实”，又副置所出率，如图75（3）。副置的所出率相减为“法”，如图75（4）。以法除人实得人数，除物实得物数。

盈亏类问题原有一定的形式，就是x人共出y钱购物，已知每人出a钱要盈b钱；每人出a'钱要不足b'钱，求x和y。或改为x人分物y个，已知每人分a个要盈b个，每人分a'个要不足b'个，求x和y。上举的解法可译成如下的两个公式：

$$x=\frac{b'+b}{a'-a}\cdots\cdots\cdots\cdots(1)$$

$$y=\frac{a'b+ab'}{a'-a}\cdots\cdots\cdots\cdots(2)$$

这两个公式的原理，为便利起见，用代数方法来说明。因钱数或物数y可用$ax+b$表示，又可用$a'x-b'$表示，列方程：

$$ax+b=a'x-b'$$

可得（1）式。又因人数x可用$\frac{y-b}{a}$表示，又可用$\frac{y+b'}{a'}$表示，列方程：$\frac{y-b}{a}=\frac{y+b'}{a'}$，

可得（2）式。

细考上举解法，求人数仍和今法相同，求钱数或物数用题中已知数直接求出，不像今法必须利用先前求得的人数。

明程大位的《算法统宗》中用歌词来叙述这一个解法：

算家欲知盈不足，两家互乘并为物（即物实），并盈不足为人实，分率（分率即《九章算术》的所出率）相减余为法，法除物实为物数，法除人实人数得。

《九章算术》除举如上所述的普通盈不足问题外，又有“两盈”和“两不足”的问题。这些题目的形式，是x人分物y个，每人分a个盈（或不足）b个，每人分a'个盈（或不足）b'个，求x和y。解法的公式只需把前举公式中的b'换作$-b'$就得，就是

$$x=\frac{b-b'}{a'-a}\cdots\cdots(1)$$

$$y=\frac{a'b-ab'}{a'-a}\cdots\cdots(2)$$

这里也把《算法统宗》里的歌词抄下，以备和公式对照。

两盈分率互相乘，以少减多为物情，两盈相减为人实，分率相减法之名，法除物情为物数，法除人实人数称，若问算中两不足，与盈法例一般行。

此外，又有“盈适足”“不足适足”两种问题，范式是x人分物y个，每人分a个盈（或不足）b个，每人分a'个适足，求x和y。解法的公式只需把前举公式中的b'换作0就得，就是

$$x=\frac{b}{a'-a}\cdots\cdots(1)$$

$$y=\frac{a'b}{a'-a}\cdots\cdots(2)$$

《算法统宗》里的歌词是：

盈与适足数相乘，乘得将来为物情，盈数自称为人实，二位各列要分明，分率相减余为法，法除物实物数真，法除人实为人数，不足适足一般行。

这样的四类问题，在现今的算术书里也有，读者可以自己去用古法验证，这里不再举例。有了连前共计五类问题，盈亏算法的变化已经完全了。

二

关于盈亏算法，上面已经讲得很详细，似乎可以不谈了，但是《九章算术》里面却另外利用它来解普通的四则杂题，显得非常巧妙，这里应该继续介绍一下。

普通的算术解题方法都用已知数立算，代数解法兼用未知数列式，但用盈不足解四则应用题却全然不同。这种算法的特点，是从任意的数入手。先任意假定一数，作为题中所求的数，依题验算，如果所得的结果和题中表示这个结果的已知数相符，那么我们假定的数恰巧就是答数。如果验算所得的结果和题中已知的数不相符，那么我们来比较一下，看题中的数盈多少或不足多少，如此两次，就造成了一个盈不足的问题，仿前法就能解得所求的数。

这种别开生面的算法，在《孙子算经》《张丘建算经》两书中也都有记载，后人称它为“推解法”，或者就称“盈不足术”。中国用推解法解算术难题，等到后来有了直捷的算法，就不再使用。但传到阿拉伯后仍被重视，编入代数书中，称作“契丹算法”。后来在欧洲十六、十七世纪的代数书里曾普遍采用，称作“双假借法”。

讲到推解法的原理，虽和盈不足正法略异，但大部分类似，现在来详细说明一下。

设x人分物y个，那么每人所分少于$\frac{y}{x}$个时一定要盈，多于$\frac{y}{x}$个时一定要不足，恰为$\frac{y}{x}$个时就不会盈也不会不足，这是显而易见的。现在用z来代表每人应得的个数，那么由上节开始的两个公式，得

$$2=\frac{y}{x}=\frac{a'b+ab}{a'-a}\div\frac{b'+b}{a'-a}=\frac{a'b+ab'}{b'+b}\cdots\cdots\cdots\cdots\cdots\cdots\cdots\cdots(3)$$

我们另外就实例来研究：设6人分物42个，那么每人分7个时恰巧分尽。如果每人所分少于7个时就有盈余，多于7个时就要不足，于是用7的邻近的许多整数来代每人分得的数，分别算得盈数，列成下表（其中遇不足数也作盈数，但用负数表示）。

人得数	……	4	5	6	7	8	9	10	……
盈数	……	18	12	6	0	−6	−12	−18	……

从此发现人得数以1递增，盈数以6递减，双方的改变值

(即对应差)成正比例。于是由：人得a，就盈b；人得z，就盈0；人得a'，就盈$-b'$；可得比例式

$$a'-a:z-a=b'-b:0-b$$

化得

$$z=\frac{a'b+ab'}{b'+b}$$

和公式(3)没有两样。

普通四则应用问题的所求数，如果用小于真值的数替代，结果题中的已知数一定要盈；反过来就要不足，而所求数的改变值也和盈数的改变值成正比例，恰和盈亏类问题有类似的性质，所以，可以借用盈亏算法的公式来解。

【例一】 今有百鹿入城，每家取一鹿，不尽，又三家合取一鹿，恰尽。问：城中有家多少？答：七十五。(见《孙子算经》)

先任意假定城中有72家，那么应有鹿$1\times 72+\frac{1}{3}\times 72=96$，但题中有鹿100，盈100－96＝4；再假定有90家，那么应有鹿$1\times 90+\frac{1}{3}\times 90=120$，但题中只有鹿100，不足120－100＝20。于是改原题成为盈亏类问题："有家72鹿盈4，有家90鹿不足20，问：有家多少鹿恰尽？"古法列筹式，和上节的例子类似，但不需副置所出率，以物实为被除数，人实为除数，相除就得。现在依照公式(3)改列笔算式，得城中实有家，其中家数和鹿盈数的改变值成正比例，所以可借用盈亏公式来解。

$$\frac{72\times 20+90\times 4}{4+20}=75$$

上题如果分别用各数试验，可列成下表：

有家	……	66	69	72	75	78	81	84	87	90
鹿盈	……	12	8	4	0	−4	−8	−12	−16	−20

上举例题算法所假定的家数，原是随便定的，譬如假定有家69就盈8，有家84就不足12，依法列式，解得的答案也是一样。如果两次假定家数后，结果都是盈的，或都是不足的，那么公式（3）不能适用[1]，应该把上节的两盈公式化成

$$z=\frac{y}{x}=\frac{a'b-ab'}{a'-a}\div\frac{b-b'}{a'-a}=\frac{a'b-ab'}{b-b'}\cdots\cdots\cdots\cdots\cdots\cdots(4)$$

如果假定有家66鹿盈12，有家72鹿盈4，代入公式（4），得城中实际有家

$$\frac{72\times 12-66\times 4}{12-4}=75$$

【例二】 今有雀一只，重一两九铢（即33铢），燕一只，重一两五铢（即29铢）。有雀燕二十五只，并重二斤十三铢（即781铢）。问：雀燕各几只？答：雀十四只，燕十一只。（见《张

1. 如果以代数的角度来看，公式(3)对于两盈或两不足也都能适用，因为这时候的 b' 我们只要用负数来替代就成。

丘建算经》)

先设雀是15只，那么燕是25-15=10（只），共重33×15+2g×10=785（铢），较题中的数盈785-781=4（铢）（较题中盈4铢，就是题中的数不足4铢，因公式中的b和b′可以交换，所以调过来说也可以）。再设雀是12只，那么燕是25-12=13（只），共重33×12+29×13=773（铢），较题中的数不足781-773=8（铢）。于是由雀15不足4，雀12盈8，代入公式（3），得雀数是

$$\frac{15\times8+12\times4}{4+8}=14$$

由燕10就不足4，燕13就盈8，代入公式（3），得燕数是

$$\frac{10\times8+13\times4}{4+8}=11$$

用数试验，列成下表：

雀的只数	……	16	15	14	13	12	11	……
燕的只数	……	9	10	11	12	13	14	……
重量盈数	……	−8	−4	0	4	8	12	……

其中雀数和重量盈数的改变值成正比例，燕数和重量盈数的改变值也成正比例，所以可分别借用盈亏公式来解。

三

我们应用上述的推解法时，有一个必须注意的地方：凡是普通算术问题，在代数学上属于一次方程的，它的所求数和盈数的改变值可以成正比例，这才好用推解法求得答案的精确值；否则，就只能求得近似值。《九章算术》里有三个特殊的问题，就是不属于一次方程的问题，它们算得的答案都是近似的。现在选录两题于下。

【题一】 今有垣厚5尺，两鼠相对凿洞，第一日大小鼠各凿1尺，此后大鼠逐日加倍，小鼠逐日减半。问：经几日后两鼠相遇？各凿深多少？答：$2\frac{2}{17}$日相遇，大鼠凿深9尺$4\frac{12}{17}$寸，小鼠凿深1尺$5\frac{5}{17}$寸。

原书的解法：先假定经2日，那么两鼠共凿(10+20)+(10+5)=45(寸)，题中盈50−45=5(寸)；再假定经3日，那么两鼠共凿(10+20+40)+(10+5+2.5)=87.5(寸)，题中不足87.5−50=37.5(寸)。于是得日数为

$$\frac{3\times5+2\times37.5}{37.5+5}=2\frac{2}{17}$$

大鼠凿深$=10+20+40\times\frac{2}{17}=34\frac{12}{17}$(寸)

小鼠凿深$=10+5+2.5\times\frac{2}{17}=15\frac{5}{17}$(寸)

这样的解法，粗看觉得同上节的例题没有什么两样，而且验算下来，$12\frac{12}{17}+15\frac{5}{17}=50$，又和题设的数符合，好像完全准确；其实，你如果把题中的垣厚5尺换成了4尺5寸，照样来算一遍，就知道所得结果是不精确的。算法如下：

先假定经1日，那么共凿10+10=20（寸），盈45−20=25（寸）；再假定经3日，那么共凿（10+20+40）+（10+5+2.5）=87.5（寸），不足87.5−45=42.5（寸），仍用前法得日数为

$$\frac{3\times25+1\times42.5}{42.5+25}=1\frac{20}{27}$$

但由试验知道2日共凿（10＋20）＋（10＋5）＝45（寸），答案明明是2日，现在用推解法算得的却是$1\frac{20}{27}$日，这里显然只得到了一个近似值。

我们仔细研究一下，知道前题求得两鼠凿深的总数，虽然恰巧等于垣厚5尺，但大鼠逐日加倍，好比物理学中所讲的加速度，时时刻刻在逐渐增加，绝不是经过1日后骤然加倍

起来的，第三日的$\frac{2}{17}$日所凿的深不能是$40\times\frac{2}{17}=4\frac{12}{17}$（寸），同样小鼠在最后的$\frac{2}{17}$日内所凿的深也不能是$2.5\times\frac{2}{17}=\frac{5}{17}$（寸），所以，这样的验算是不精确的。再顺次用各数试验，列成下表：

所经日数	………	1	2	3	4	………
共深盈数	………	30	5	−37.5	−168.75	………

其中所经日数以1递增，但共深盈数不以同数递减，就是两者的改变值不成正比例，和推解法所根据的原理不符，由此当然求不出精确的结果了。

那么这一个问题要怎样做才能求得答案的精确值呢？查到清蔡毅若在《同文馆课艺》中曾用"等比级数"解这类问题，但因《九章算术》原题答案中的日数不是整数，用等比级数解是有问题的，所以，现在把原题的垣厚5尺改为4尺5寸，仿蔡毅若的方法，写出正确的解答于下。

设两鼠经x日而相遇，那么大鼠已凿的尺数是：

$1+1\times2+1\times2^2+1\times2^3+\cdots\cdots$（共$x$项），

由等比级数求和的公式，知道就是：

$$1\times\frac{\left(1-2^x\right)}{1-2}=-1+2^x$$

又小鼠已凿的尺数是：

$$1+1\left(\frac{1}{2}\right)+1\left(\frac{1}{2}\right)^2+1\left(\frac{1}{2}\right)^3+\cdots\cdots\cdots\cdots（共x项）$$

由等比级数求和的公式，知道就是：

$$\frac{1\left[1-\left(\frac{1}{2}\right)^x\right]}{1-\frac{1}{2}}=2-\frac{2}{2^x}$$

依题意可列成一个指数方程

$$-1+2^x+2-\frac{2}{2^x}=4.5$$

化简得 $(2^x)^2-3.5\ (2^x)-2=\ 0$

$$\therefore\quad 2^x=\frac{3.5\pm\sqrt{20.25}}{2}=\frac{3.5\pm4.5}{2}=1.75\pm2.25$$

因负值不适用，所以$2^x-1.75+2.25=4$

由观察，或利用“对数”，得$x=2$（日）。

$\therefore$ 大鼠凿深$=1+2x=-1+4+3$（尺），

小鼠凿深 $=2-\frac{2}{2^x}=2-\frac{2}{4}=1.5$(尺)。

【题二】 今有良马、驽马都从甲地出发，到相距480里的乙地。良马初日行100里，日增2里；驽马初日行90里，日减1里，良马先到乙地后，立即回头走向驽马，问：共行几日相遇？答：5日。（原题见《九章算术》，但各数依清华蘅芳《行素轩算稿·算草丛存三》更换，以便校算）

《九章算术》用推解算法，先假定共行3日，那么良马已行100+102+104=306（里），驽马已行90+89+88=267（里），共行573里，题中已知共行480×2=960（里），盈960−573=387（里）。再假定共行6日，那么良马已行100+102+……=630（里），驽马已行90+89+……=525（里），共行1155里，题中不足1155−960=195（里）。于是得日数为

$$\frac{3\times195+6\times387}{387+195}=4\frac{579}{582}$$

这个答数经过验算就可以知道是不精确的，因为共行日数和路程盈数也不成正比例。现在再把华蘅芳所举的解法记在下面。

设二马经x日而相遇，那么良马共行的里数是

100+（100+2×1）+（100+2×2）+……+〔100+2×（x−1）〕（共x项）

$$=\frac{1}{2}x\{100+[100+2\times(x-1)]\}=x^2+99x$$

同法可得驽马共行的里数是

90+（90−1×1）+（90−1×2）+…+〔90−1×（x−1）〕（共x项）

$$=\frac{1}{2}x\{90+[90-1\times(x-1)]\}=90x-\frac{x^2-x}{2}$$

依题意列成一个二次方程

$$x^2+99x+90x-\frac{x^2-x}{2}=480\times 2$$

化简得

$$x^2+379x-1920=0$$

解得

$$x=5$$

（另有一负根—384不适用）

依题验算，知道这个答案是绝对精确的。

四

《九章算术》的盈不足术，实际就是近世数学中的“插值法”的初步应用。所谓插值法，就是利用它可以求得插入两个数值之间的另一个适当数值，借以满足某些计算上的要求。我国对于插值法的研究，除了最简单的盈不足术，二世纪末的天文学家刘洪曾经用来推算“定朔时刻”以外，在六世纪时由于历法计算上的需要，又有许多新的贡献，但是还没有给这种算法定名。直到十三世纪，才有数学家把这种算法定名为“招差术”。盈不足术是“一次招差术”，也就是现今数学中的“直线插值法”或“一次差插值法”。

直线插值法实际和方程的图解法相类似。下面用一个实例来加以说明。

【例一】 今有八鹿入村，每家取一鹿，不尽；又三家合取一鹿，恰尽。问：村中有家多少？答：六家。

用图解法来求，设有家x，那么由题意列方程

$$x+\frac{1}{3}x=8$$

就是 $$x+\frac{1}{3}x-8=0$$

设 $$y=x+\frac{1}{3}x-8$$

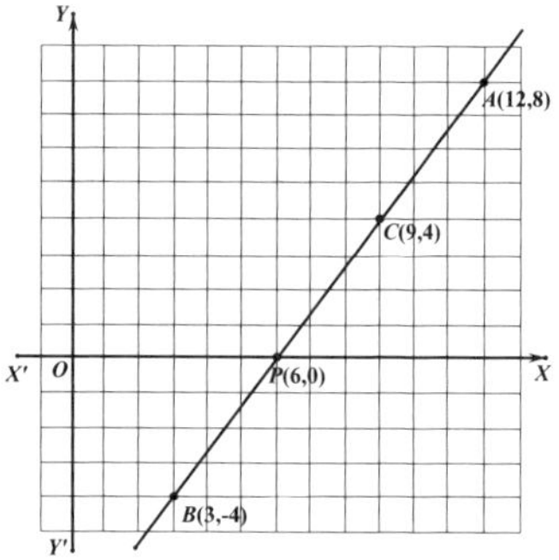

图76

就得

x	……, 12, ……, 3, ……
y	……, 8, ……, −4, ……

在图76中描两点A(12, 8)、B(3, −4)，用直线连接起来，这直线和横轴的交点是P(6, 0)，所以x=6。

本题如果用盈不足术做，先假定有家12，那么有鹿$12+\frac{1}{3}\times12=16$，较题中的数盈16−8=8，这两数恰等于图解法中$A$点的横、纵二坐标。再假定有家3，那么有鹿$3+\frac{1}{3}\times3=4$，又较题中的数不足8−4=4，这两数恰等于图解法中B点的横、纵二坐标。在盈不足术中，家数和盈数的改变值成正比例，而现在直线AB上顺次的各点A、C、P、B，它们的横坐标和纵坐标的改变值也成正比例。照这样看来，在盈不足术和代数图解法中，除前者用公式来解，后者用横轴上的交点的坐标

外，其余完全类似。

关于盈不足术的公式，我们也可以利用图形来证明。如图77，A点的横坐标相当于第一次假定的答数a，纵坐标相当于盈数b，B点的横坐标相当于第二次假定的答数a'，纵坐标相当于不足数b'的相反数$-b'$（即盈$-b'$）。因为两个直角三角形APM和BPN相似，所以它们的对应边成比例，就是

$$\frac{PM}{NP}=\frac{MA}{NB}$$

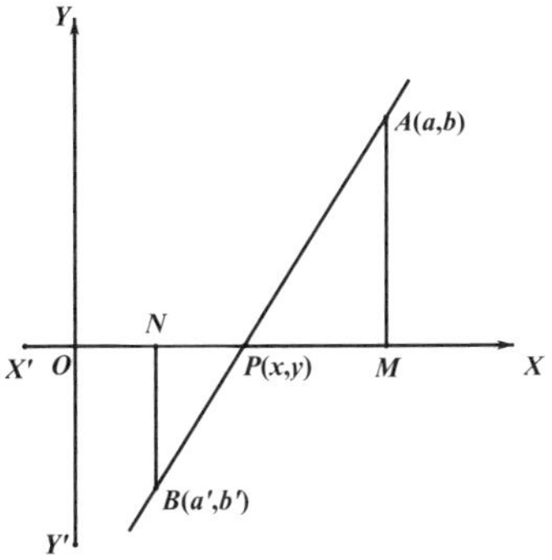

图77

也就是

$$\frac{a-x}{x-a'}=\frac{b}{b'}$$ [1]

解这个方程，就得公式

$$x=\frac{a'b+ab'}{b+b'}$$

我们知道，一次方程的图象是直线，这种算法利用直线，可以在两个数值a和a'之间插入一个能满足题中条件的数值x，所以叫作直线插值法。

如果是不属于一次方程的其他方程，那么它的图象不

1. 这式所反映的实际就是所求数的改变值和盈数的改变值成正比例。这里的 $\frac{b}{b'}$ 应该看作 $\frac{b-0}{0-(-b')}$。

是直线，我们仍用同法处理时，所得的就不是图象和横轴的交点的横坐标，而是通过图象上二点的直线（即曲线的一条弦）和横轴的交点的横坐标，所以它只能是所求数的近似值。关于这一点，我们用下例来说明。

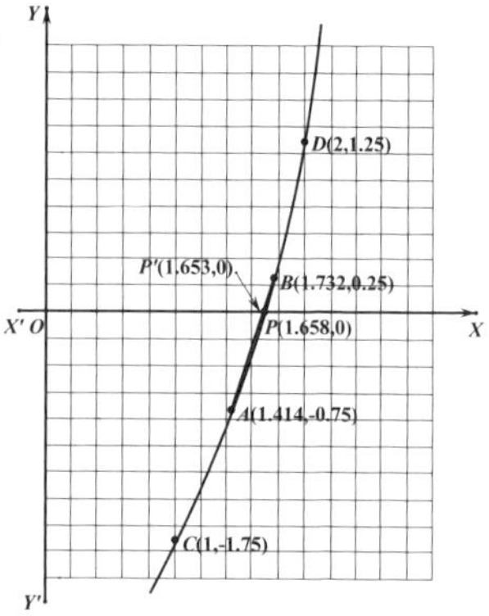

图78

【例二】 试利用已知的数值 $\sqrt{2}=1.414$ 和 $\sqrt{3}=1.732$，求出 $\sqrt{2.75}$ 的数值。答：大约是1.653。

用图解法做，设所求的值是x，那么得方程

$$x=\sqrt{2.75}$$

就是

$$x^2=2.75$$

$$x^2-2.75=0$$

设

$$y=x^2-2.75$$

就得

x	……,		1, ……	1.414,	……,	
y	……,	−1.75	……			

在图78中顺次描出C（1，−1.75）、A（1.414，−0.75）、B（1.732，0.25）、D（2，1.25）各点，用平滑的曲线连接，所得的是抛物线的一部分，它和横轴的交点是P，所求的数应该是P点的横坐标（据精密计算，知道是1.658……）。

现在利用盈不足术的公式，算得

$$x=\frac{1.414\times0.25+1.732\times0.75}{0.75+0.25}=1.653$$

易知这个数是连接A、B两点的直线和横轴的交点P'的横坐标。这个P'点虽然和P点不是同一个点，但很接近。

从这一个实例，我们知道，不属于一次方程的数字方程，可以用盈不足术求它的实根的近似值。在现今的高等数学中，遇到数字方程的实根不易计算时，也用类似的方法来求它的近似值，这方法叫作“弦位法”，意义是利用曲线的弦的位置，可以近似地代替曲线的位置。

利用盈不足术，还可以求出某些近似计算的公式。例如开平方不尽的问题，设

$$A=a^2+r$$

那么在求$\sqrt{A}$的近似值时，可以利用已知的

$$\sqrt{a^2}=a\text{和}\sqrt{a^2+2a+1}=a+1$$

用盈不足术来解。因为当$\sqrt{A}$取a值的时候，A是a^2，而题中是a^2+r，盈r；当$\sqrt{A}$取$a+1$的时候，且是a^2+2a+1，而题中是a^2+r，不足$2a+1-r$。由盈不足术公式，得

$$\sqrt{A}=\frac{a(2a+1-r)+(a+1)r}{r+(2a+1-r)}=\frac{a(2a+1)+r}{2a+1}$$

$$=a+\frac{r}{2a+1}$$

这就是刘徽在《九章算术》里介绍的所谓“加借算”的近似公式。

中国在六世纪发明了“二次招差术”，它就是近世数学中的“抛物线插值法”。十三世纪时又进一步发明了“三次招差术”。这些算法利用抛物线或三次曲线来近似地代替其他曲线，它们和利用直线的插值法相比较，误差显然可以大为减少。这一伟大创造是很了不起的，欧洲在十七世纪还在应用盈不足术求三角函数的近似值。关于这些，我们将要在《中国代数故事》一书中详细讨论。